基金资助：
湖北工程学院湖北小城镇发展研究中心2023年度开放项目（项目编号2023B003）
2023年度湖北省住房和城乡建设科学技术计划项目

城市生态规划与管理研究

黄璨　著

天津出版传媒集团

天津科学技术出版社

图书在版编目（CIP）数据

城市生态规划与管理研究 / 黄璨著. -- 天津：天
津科学技术出版社, 2023.11
ISBN 978-7-5742-1662-4

Ⅰ.①城… Ⅱ.①黄… Ⅲ.①城市环境 – 生态环境 –
环境规划 – 研究 – 中国 Ⅳ.①X321.2

中国国家版本馆CIP数据核字(2023)第208459号

城市生态规划与管理研究
CHENGSHI SHENGTAI GUIHUA YU GUANLI YANJIU

责任编辑：房　芳
责任印制：兰　毅

出　　　版：天津出版传媒集团
　　　　　　天津科学技术出版社
地　　　址：天津市西康路35号
邮　　　编：300051
电　　　话：（022）23332399
网　　　址：www.tjkjcbs.com.cn
发　　　行：新华书店经销
印　　　刷：河北万卷印刷有限公司

开本 710×1000　1/16　印张 16.5　字数 230 000
2023年11月第1版第1次印刷
定价：98.00元

前　言

　　21 世纪的今天，城市发展已经进入一个前所未有的新阶段。作为人类社会活动的重要载体，城市在全球化、信息化、产业化和消费化等多重趋势的推动下，发展得越来越迅速，但同时也带来了一系列严重的生态环境问题。在此背景下，人们需要重新审视和反思城市的规划和管理模式，寻找一种更加和谐、可持续的城市发展之道。这正是本书的创作初衷。本书旨在通过理论研究和实证分析，探讨城市生态规划与管理的基本原理、方法和技术，以及未来发展的趋势和挑战，以期为城市提供一个生态、健康、可持续的发展方向。

　　本书共分为七章。第一章导论中，笔者首先介绍了城市生态系统的基本概念和特征，深入探讨了城市生态系统的构成和功能，然后，对城市生态规划与管理的内涵、目标和原则进行了系统性阐述，为读者理解后续内容奠定了基础。第二章着重探讨了可持续发展理论、城市生态学、现代城市管理学和景观生态学等理论。这些理论为城市生态规划与管理提供了理论指导和思想指引，是人们理解和解决城市生态问题的重要工具。第三章着重论述城市生态规划的方法与技术，这些方法与技术在解决复杂的城市生态问题时，具有重要的实用价值。第四章探讨了城市生态规划的路径，提出了革新城市生态规划理念、完善城市生态规划机制、关注城市专项规划，以及规划与管理的有机结合等策略，以助力城市生态规划的实施。第五章则详细介绍了城市生态管理的五个层面，包括城

1

市卫生生态管理、城市安全生态管理、城市景观生态管理、城市产业生态管理和城市文化生态管理。这五个层面构成了城市生态管理的全局视角，涵盖了城市生活的各个方面。第六章进一步深化了城市生态管理的路径，包括如何构建和完善城市生态管理机制、如何加强跨部门的协同与合作，以及如何利用科技推动城市生态管理的升级。第七章展望了城市生态规划与管理的未来发展，包括未来城市生态规划与管理面临的挑战与机遇，智能城市与生态规划管理的融合，以及生态环境、社会和经济协调高质量发展的可能路径。

笔者深知，城市生态规划与管理是一个复杂且跨学科的研究领域，涉及的知识和技术既广泛又深入，笔者在编写本书过程中努力做到全面而深入，但难免会有遗漏和不足，笔者期待读者提出宝贵意见和建议，以便笔者在未来的研究中做得更好。

在此，笔者也希望本书能为城市规划与管理者、研究者、教师、学生以及对城市生态问题感兴趣的公众提供一份有价值的参考，帮助人们共同构建更美好的城市生态环境，为城市发展做出积极的贡献。

目 录 | Contents

第一章　导论

第一节　认识城市生态系统

一、城市生态系统的概念

要明晰城市生态系统的概念，首先需要了解生态系统的概念。生态系统的概念最早是由英国生态学家坦斯利（A.G.Tansley）提出来的，基于前人与坦斯利本人对森林动态的研究，坦斯利将物理学中的"系统"引入生态学，提出了生态系统的概念。后来，人们不断对生态系统的概念进行完善，虽然目前没有统一的概念界定，但普遍认为生态系统就是指在一定的时间和空间内，生物和非生物成分之间通过物质循环、能量流动和信息传递而相互作用、相互依存所构成的统一体。

基于对城市的认知以及对生态系统概念的普遍认识，笔者对城市生态系统做如下界定：城市生态系统是特定区域内人类、资源、环境（包括自然环境、社会环境和经济环境）通过各种生态网络和社会经济网络机制而建立的人类聚集地或社会、经济、自然的复合体。

二、城市生态系统的结构组成

城市是一个规模庞大、关系复杂的多目标、多层次、多功能的动态生态系统，按复合生态系统的观点看，可分为社会、经济、自然三个亚系统。其中，自然亚系统是基础，经济亚系统是命脉，社会亚系统是主导，它们相辅相成，各生态要素在系统一定的时空范围内相互联系、相互影响、相互作用，构成城市这个复合体复杂的矛盾运动。由于城市生态系统的具有复杂性，所以在分析城市生态系统的结构组成时，需要从以下四个方面做进一步的分析。

（一）城市生态系统的人口结构

城市生态系统的人口结构是一个复杂的系统，包括人口数量、年龄结构、性别结构和职业结构等多个因素。这些因素直接关系到城市的可持续发展和城市生态系统的稳定性。

1.人口数量

城市人口数量的变化会直接影响城市生态系统的稳定性和可持续发展。随着人口的增长，城市对各类资源的需求不断攀升，对基础设施、住房、医疗、教育、交通和社会福利等方面的压力逐渐加大。这可能导致资源过度消耗、环境污染加剧，对城市生态系统带来不良影响。为应对人口增长带来的压力，城市管理者（以下简称"管理者"）需要采取一系列措施，以实现人口数量与城市资源的平衡。首先，应加强城市基础设施建设，提高城市容纳能力，包括完善交通网络、扩大公共服务设施、改善供水供电系统等。其次，优化城市土地利用规划，确保城市发展的空间充分利用。这涉及合理规划城市建设用地、工业用地、绿地和水域等，以实现城市发展与生态保护的和谐共生。当然，城市人口减少可能会导致城市空置率上升、经济活力降低，影响城市生态系统的发展。为了应对这一问题，管理者可以通过吸引外来人口、鼓励创业和创新、优化产业结构等方式提高城市吸引力，促进城市人口增长。

2. 年龄结构

城市的年龄结构会对其经济、社会和环境状况产生影响。人口老龄化可能导致城市医疗、养老和社会保障等方面投入的增加，同时对城市中的劳动力市场、消费结构和家庭关系等产生深远影响。在这一过程中，城市生态系统需要不断适应年龄结构变化带来的挑战。为应对老龄化带来的影响，管理者需要制定相应政策，加强养老服务设施建设，提高医疗服务水平，优化社会保障制度。例如，建设养老院、社区养老服务中心等设施，提供便利的医疗服务和康复设施，完善养老金、医疗保险等社会保障制度。此外，积极构建社区养老、家庭养老与机构养老相结合的养老模式，以满足不同老年人群的养老需求，提高老年人群的生活质量。

与此同时，年轻人群对教育、就业和创业等方面的需求也会影响城市的发展和生态系统。管理者应关注年轻人群的需求和发展空间，提供良好的教育和培训资源，创造有利于就业和创业的环境。例如，加强基础教育、职业教育和终身教育体系建设，提高教育质量和适应市场需求的能力；营造公平、公正的就业市场环境，打破各种就业壁垒，提供多渠道就业服务；推动创业创新，为创业者提供政策支持、资金扶持和技术培训等，激发城市经济活力，促进城市生态系统的平衡和可持续发展。

3. 性别结构

性别结构是衡量城市生态系统稳定性的重要因素之一。性别比例失衡不仅可能导致社会不安定和家庭结构变化，而且可能对城市生态系统的可持续发展造成不利影响。为确保城市生态系统的平衡和可持续发展，关注性别比例、采取措施保障男女平等、促进人口结构健康发展至关重要。具体而言，管理者可以从以下几个方面展开工作。

第一，积极推动性别平等教育。通过在学校、企业、社区等场所开展性别平等教育和培训，提高公众对性别平等的认识，消除社会性别歧视。教育和宣传活动应涵盖性别平等的基本概念、性别平等与社会发展的关系、性别歧视的危害等内容，以提高公众的性别意识，树立平等、尊重、包容的价值观。

第二，加强法律法规建设，保障妇女权益。通过制定和完善有关性别平等的法律法规，保障男女在教育、就业、待遇、社会保障等方面的平等权利。例如，制定反歧视法，禁止基于性别的歧视行为；实行男女同工同酬政策，消除职场性别歧视；设立性别平等监督机构，对性别歧视行为进行监督等。

第三，鼓励女性参与社会经济活动。为促进性别平等，管理者可以采取措施鼓励女性参与社会经济活动。包括为女性创业者提供创业支持和优惠政策，为女性提供就业培训和岗位推荐，以及为女性提供职业发展指导等。上述措施的实行，有助于提高女性在社会经济领域的地位，从而实现男女在经济活动中平等参与的权利。

第四，关注女性在家庭和社会中的角色。管理者应关注女性在家庭和社会中的角色变化，以提高女性的社会地位和家庭地位。例如，推广家庭和工作的平衡理念，针对职场女性实行弹性工作制度，提供育儿假等特殊福利；支持女性在社会领导岗位中发挥积极作用，提高女性在政治、经济、文化等领域的参与度和影响力；倡导男女共同承担家庭责任，减轻女性在家庭中的负担，促进家庭内部的性别平等。

4. 职业结构

随着全球经济的快速发展，新兴产业不断涌现，传统产业逐渐式微，管理者需要灵活调整产业结构，以满足不同职业群体的需求，同时确保城市资源的合理利用和生态环境的有效保护。

在实现产业结构优化的过程中，需要关注新兴产业的发展。新兴产业往往具有较高的科技含量和附加值，如人工智能、绿色能源、生物技术等，发展新兴产业有助于提升城市整体经济水平，同时减少对城市环境的不良影响。管理者应通过政策引导和资金支持助力新兴产业发展，打造良好的产业生态，激发企业创新活力，促进产业链协同发展。与此同时，城市管理者应关注劳动的教育和培训，提升劳动力素质，使之适应产业结构变革的需求。例如，可以采取加强职业教育、设立培训基地、开展技能大赛等方式，培养劳动者的实践能力、创新意识和团队协作精神。同时，要建立健全职业培训制度，鼓励企业开展内部培训，为劳动者提供专业技能提升渠道，有序引导劳动力从传统产业向新兴产业转移。

针对传统产业，管理者要坚持推动传统产业转型升级，实现传统产业绿色化、智能化和服务化发展。通过引入先进的生产工艺和管理理念，降低传统产业的资源消耗、减少传统产业对环境的污染，提升传统产业的整体竞争力。此外，城市管理者应鼓励传统产业与新兴产业融合发展，促进产业间的技术交流与合作，共享产业资源和优势，形成产业链的互补与协同。在推动传统产业转型升级的过程中，政府和企业应共同发挥作用。政府可以出台有针对性的产业政策，引导和支持传统产业的创新发展，优化传统产业产业布局，提升传统产业资源配置效率；还可以设立专项资金，支持传统产业进行技术改造、研发创新、环保治理等。企业则要主动寻求变革，加大技术创新力度，淘汰落后产能，实现产品结构、管理模式和市场营销的升级，提升企业核心竞争力。

（二）城市生态系统的经济结构

城市生态系统的经济结构是城市生态系统的核心组成部分，关系到城市经济发展、资源消耗和环境保护。城市生态系统的经济结构主要涉及产业结构、产业规模和产业分布三个方面。

1. 产业结构

在经济全球化和绿色发展的大背景下，产业结构优化成为各城市的重要任务。高污染、高能耗产业在经济发展过程中会加剧城市环境恶化和资源紧张，而高附加值、低污染产业有利于城市的可持续发展。因此，优化产业结构，发展绿色产业，对打造良好的城市生态系统具有重要意义。为实现这一目标，管理者应深入研究不同产业对环境和资源的影响，评估其在城市生态系统中的作用。在政策制定上，应优先支持清洁生产、绿色技术和循环经济等可持续发展产业，逐步淘汰高污染、高能耗产业，从而促进城市经济和生态环境的协同发展。管理者还需借助先进的科学技术手段，提高产业附加值，提升城市经济发展的质量和效益。

2. 产业规模

产业规模会对城市资源的消耗和环境承载力产生影响。过大的产业规模可能导致资源过度开发和环境污染，而过小的产业规模则可能影响城市经济活力。因此，合理控制产业规模，平衡经济发展与生态保护之间的关系，对打造良好的城市生态系统至关重要。在制定产业发展规划时，管理者应充分考虑城市资源承载能力和环境容量，确保产业规模与城市生态系统相适应。为了实现这一目标，管理者需要积极引导产业向规模适中、环境友好、资源高效利用方向转型。此外，管理者还需关注产业间的协同发展，促进产业链的完善，增加产业间的相互依赖，从而降低资源消耗，减轻产业对城市生态系统的压力。

3. 产业分布

城市产业的空间分布会对城市资源利用和环境保护产生影响。合理的产业布局有利于降低资源消耗、减少环境污染、提高经济效益。因此，优化产业布局，促进产业集聚，对打造良好的城市生态系统具有重要意义。管理者应根据城市资源禀赋、交通条件、土地利用效率等因素，制定科学的产业布局规划，引导产业向产业园区、经济特区等有利于集约化、规模化发展的区域集聚，以提高资源利用效率，减少环境压力。

（三）城市生态系统的空间结构

为了实现城市发展与生态保护的平衡，管理者应充分考虑城市空间组织形式、城市布局和城市形态等方面的优化。

1. 空间组织形式

城市空间组织形式是城市生态系统的重要组成部分，直接影响城市资源的利用效率和环境保护程度。合理的空间组织形式有助于提高城市资源的利用效率，降低交通压力，减少污染物排放，提高城市生活品质。在优化城市空间组织形式时，应充分考虑城市功能分区和土地利用，实现城市发展与生态保护的平衡。

城市功能分区是空间组织的基础。合理的城市功能分区能有效避免功能重叠和混乱，提高城市运行效率。管理者应充分考虑各类用地需求，合理划定工业、商业、居住和公共服务等功能区域，以实现功能平衡和资源共享。

土地利用是空间组织的核心。合理利用土地资源，有助于提高城市土地资源的使用效率，降低城市扩张对生态环境造成的压力。管理者应制定科学的土地利用规划，严格控制非农用地的开发，保护耕地、林地、湿地等生态用地，实现土地资源的可持续利用。

2. 城市布局

合理的城市布局有助于减少城市扩张带来的资源消耗、环境压力，提高城市生活品质。因此，优化城市布局，推动城市空间有序发展，对打造良好的城市生态系统具有重要意义。在优化城市布局时，应充分考虑以下几个方面。

第一，城市发展规模与空间尺度的控制。城市规模过大或过小都不利于城市的发展。因此，管理者应根据实际情况，合理控制城市发展规模，制定合适的城市空间规划，以保证城市可持续发展。

第二，城市核心区与周边区域的协调发展。城市核心区往往具有较高的人口密度、经济活跃度和资源消耗，而周边区域则相对较低。合理协调城市核心区与周边区域的发展，有助于实现资源优化配置、缓解城市核心区的环境压力，提高城市整体生活品质。

第三，城市绿地和生态廊道的布局。城市绿地和生态廊道是城市生态系统的重要组成部分，对维护城市生态平衡、改善城市环境具有重要作用。合理布局城市绿地和生态廊道，有助于提高城市空气质量，降低城市热岛效应，提高城市居民生活品质。

第四，城市基础设施和公共服务设施的布局。合理布局城市基础设施和公共服务设施，有助于提高城市资源利用效率、保障居民生活便利。城市管理者应充分考虑居民需求，合理布局教育、医疗、文化等公共服务设施，实现资源共享和均衡分配。

3. 城市形态

紧凑型、绿色型的城市形态有利于提高资源利用效率、保护生态环境。因此，优化城市形态，推动城市可持续发展，对打造良好的城市生态系统具有重要意义。在优化城市形态时，应充分考虑以下几个方面。

第一，城市密度和空间利用效率。合理的城市密度能够提高城市空间利用效率，减少城市对自然资源的消耗，降低环境压力。管理者应根据实际情况，控制城市扩张，提高城市建筑和土地利用效率，实现资源节约型、环境友好型的城市形态。

第二，城市交通系统和可达性。城市交通系统是城市形态的重要组成部分，它直接影响城市的资源消耗和环境状况。优化城市交通系统，提高城市可达性，有助于减少交通拥堵、降低能源消耗和环境污染。管理者应加强公共交通建设，鼓励绿色出行，实现城市交通可持续发展。

第三，城市绿色基础设施和生态系统服务。城市绿色基础设施和生态系统服务是城市形态的重要组成部分，对维护城市生态平衡、改善城市环境具有重要作用。管理者应充分利用绿色基础设施，提供生态系统服务，实现城市生态环境与社会经济的协调发展。

第四，城市文化和历史遗产保护。城市文化和历史遗产是城市形态的重要组成部分，它们体现了城市的特色和历史底蕴。保护城市文化和历史遗产，有助于提高城市品位，增强城市吸引力。管理者应加强对城市文化和历史遗产的保护，使城市形态更具特色和魅力。

（四）城市生态系统的生物结构

城市生态系统中的生物结构是城市生态系统中非常重要的一部分，包括植物群落、动物群落和微生物群落。这些生物群落在城市生态系统中起着不同的作用，对城市环境和人类健康产生着非常重要的影响。因此，规划管理城市生态系统中的生物结构，对于城市可持续发展的推动具有非常重要的意义。

1. 植物群落

城市生态系统中的植物群落是指城市中存在的各种植物，包括木本植物、草本植物等。它们可以在城市中的各种环境中生长，如公园、街道、花园。城市生态系统中的植物群落对城市环境和人类健康有着重要的影响。它们可以吸收城市中的污染物和二氧化碳，净化空气和水源，降低城市的温度和改善城市的微气候。同时，城市中的植物也为城市的生态系统提供了生态服务，如保持土壤稳定、防止洪水、提供野生动物栖息地等。

随着城市化进程的加速，城市中的植物群落也面临着很多挑战。城市化进程导致了许多植被的丧失和被破坏，导致城市中的植物多样性减少。同时，城市中的环境污染、气候变化和人类活动等因素也对城市中植物的健康生长产生了负面影响。因此，应加强对城市生态系统中植物群落的保护和管理。管理者应该考虑到植物栖息地的保护和创造，为城市中的植物提供合适的生存环境。同时，也应该加强对城市中的植物数量和种类的监测和调查，及时发现和解决可能存在的问题。

2. 动物群落

城市生态系统中的动物群落是指生活在城市环境中的不同动物种群组成的集合体。城市生态系统中的动物群落种类繁多，包括鸟类、哺乳动物、鱼类、两栖动物、爬行动物等。根据它们在城市中的生态角色可分为食草动物、食肉动物、食腐动物、掠食动物、飞行动物等。城市生态系统中的动物群落在城市生态系统中起着重要的作用，可以帮助人类维护城市生态平衡，保持城市环境的健康和可持续发展。例如，城市中的鸟类可以控制城市中的害虫数量，对城市生态起到了调节作用。

城市生态系统中的动物群落的保护和管理非常重要。管理者应该考虑到动物栖息地的保护和创造，为城市中的动物提供合适的生存环境。同时，也应该加强对城市中的动物数量和种类的监测和调查，及时发现和解决可能存在的问题。通过采取合适的管理措施，可以促进城市生态系统的健康和可持续性发展，提高城市环境的质量和人类的生活质量。

3. 微生物群落

城市的微生物群落是指城市内存在的各种微生物，包括细菌、真菌、病毒等。这些微生物可以存在于城市中的各种环境中，如土壤、水、空气、建筑物表面等。城市的微生物群落与人类的健康密切相关。一方面，城市中的微生物可以引起疾病和过敏反应。例如，霉菌可以引起哮喘和过敏性鼻炎等呼吸系统疾病，细菌可以引起食物中毒等胃肠道疾病。另一方面，城市中的微生物也可以对人类的免疫系统产生正面的影响，例如，某些微生物可以刺激人体免疫系统，增强人体的免疫力。

保护城市生态系统中的微生物群落也非常重要，具体来说，可以采取以下措施。

（1）提高环境卫生水平。保持城市环境的卫生和整洁，减少微生物在城市中的传播和污染。

（2）加强对城市微生物数量和种类的监测和调查。通过监测微生物数量和种类的变化分布情况，及早发现并解决疾病传播风险和环境污染等问题。维持城市的生态平衡和人类健康。

（3）加强公众教育和宣传。提高公众对于微生物的认识和了解，引导公众科学使用抗生素和消毒剂，避免产生不必要的环境污染。

三、城市生态系统的特征

城市生态系统是城市人群与其周围的环境相互作用、相互影响而形成的网络系统。从时空观来看，城市是人类生产、生活、文化、社交等活动的载体；从功能和本质观看，城市是经济实体、社会实体、科学文化实体和自然实体的有机统一体；从生物观来看，城市又是一个具有出生、生长、发育、成熟、衰老的生命有机体。与自然生态系统相比，城市生态系统的特征突出体现在五个方面，如图 1-1 所示。

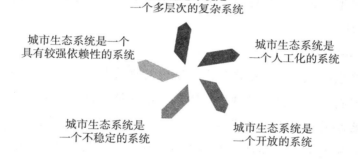

图 1-1 城市生态系统的特征

（一）城市生态系统是一个多层次的复杂系统

城市生态系统具有多层次结构，包括生物、物理、化学、经济、社会和文化等多个层次。这些层次相互关联、相互影响，共同构成了城市生态系统的复杂性。下面，笔者便针对这些层次做简要的论述。

1. 生物层次

生物层次是城市生态系统的基础，包括城市中的各种生物组织和生物种群。城市生态系统内的生物涵盖了植物、动物、微生物等多种生物物种。这些生物相互依存，形成了复杂的生态关系。城市生态系统的生物多样性不仅关系到生态系统的稳定性，还与城市居民的生活质量密切相关。保护城市生物多样性、维护生态系统稳定性是城市生态系统管理的重要任务。

2. 物理层次

物理层次包括城市生态系统中的土壤、大气、水体等自然要素。这些要素之间的相互作用对城市生态环境产生了深远影响。例如，城市土壤的质量直接关系到城市绿化、水源涵养和污染物的传播；城市大气中的温度、湿度等因素影响城市居民的生活舒适度和身体健康状态；城市水体的水质、水量和水循环对城市的生态安全和水资源利用具有重要意义。在城市生态系统管理中，关注物理层次的要素变化及其相互关系是至关重要的。

3. 化学层次

化学层次主要涉及城市生态系统中的物质循环和能量流动，包括养分、有机物、无机物等各种化学物质。这些化学物质在生态系统中的循环过程影响着城市的生态稳定和环境质量。例如，养分循环对城市中植物的生长和动物的生存具有重要作用；有机物和无机物的分解与转化过程关系到城市生态系统的能量供应和物质平衡。同时，城市生态系统中的化学物质也可能受到人类活动的影响，如排放废水、废气、固体废物等，导致城市环境污染和生态风险。因此，在城市生态系统管理中，关注化学层次的要素变化及其相互关系，以及如何减轻人类活动对化学循环的负面影响也是城市生态系统管理中的重要课题。

4. 经济层次

经济层次是城市生态系统的核心，包括城市的生产、消费、交换、分配等经济活动。这些活动对资源的利用和环境的改变具有重要作用。城市经济发展与生态环境之间存在密切的联系：一方面，经济发展需要消耗资源、排放废物，可能对生态环境产生压力；另一方面，生态环境的状况对经济发展具有支持和约束作用，如优质的生态环境可以吸引投资、促进旅游业发展等。在城市生态系统管理中，关注经济层次的要素变化及其相互关系，以及如何实现经济发展与生态保护的协调也是一个重要课题。

5. 社会层次

社会层次涉及城市生态系统的社会组织、社会制度、社会价值观等方面。这些社会要素对城市生态系统的演变和发展具有关键影响。例如，社会制度和政策可以引导和规范人类活动，降低人类活动对生态环境的负面影响；社会价值观和文化传统可以影响城市居民的生活方式和消费观念，从而影响城市的资源消耗和环境负荷。在城市生态系统管理中，关注社会层次的要素变化及其相互关系，以及如何通过社会引导和制度创新实现生态文明建设至关重要。

6. 文化层次

文化层次是城市生态系统的精神内核，包括城市的历史、文化、艺术、宗教等多种文化元素。这些元素共同塑造了城市的特色和魅力，对城市生态系统的发展和变迁具有重要意义。例如，历史文化传统可以为城市生态保护提供理念和实践借鉴；艺术和宗教活动可以促进城市居民的精神文明和心理健康，从而影响城市居民对生态环境的态度和行为。

（二）城市生态系统是一个人工化的系统

城市生态系统作为一个以人为主体的系统，其人工化程度较高。这种人工化特征体现在生态系统内部结构、功能和过程的改变上，如土地利用、资源消耗、污染物排放等方面。人工化特征既为城市发展带来了便利和效益，也带来了一些生态环境问题，需要管理者关注并采取相应措施加以应对。具体而言，城市生态系统的人工化特征主要表现在以下几个方面。

1. 土地覆盖变化

随着城市化进程的加速，自然地表被大量改变为人工地表，如建筑、道路和基础设施等。这种土地覆盖变化改变了原有的生态系统结构和功能，导致城市热岛效应加剧、径流系数增加等问题。

2. 资源消耗

城市生态系统的发展依赖于大量资源的消耗，如水、矿产等。人工化过程中，城市对资源需求的增加，容易导致资源紧缺和生态环境压力增大等问题。

3. 人造生境与生物多样性

城市化进程中，大量自然生境被改为人造生境，如公园、绿地、人工湖泊等。虽然这些人造生境在一定程度上满足了人类对生态环境的需求，但对于野生生物来说，生境的改变可能导致生物多样性降低。

4. 环境污染

随着城市人口和产业的增长，城市生产和生活过程中产生大量废弃物和污染物，如废水、废气、固体废物等。这些污染物对城市生态环境和人类健康会产生一定的负面影响。

（三）城市生态系统是一个开放的系统

城市生态系统作为一个开放的系统，不仅表现在资源的输入与输出上，还体现在能量、信息、技术等多个方面与外部系统的交流和互动中。这种开放性使城市生态系统具有强大的自我调节和适应能力，但也使其易受外部环境变化的影响。具体而言，城市生态系统的开放性主要表现在以下几个方面。

1. 能量交换

城市生态系统从外部环境获取能量，如太阳能、化石能源等，并将能量传递给城市内部的生物、建筑和设施等。同时，城市生态系统通过散热、辐射等形式向外界释放能量，形成能量的输入与输出平衡。

2. 物质流动

城市生态系统中的物质在城市内部循环，同时与外部系统进行交换。例如，城市从农田、林地等地获取粮食、木材等资源，再将生产和生活过程中产生的废弃物排放到外部系统，形成物质的往来。

3. 信息传递

城市生态系统中的信息传递包括政策、技术、文化等多个方面。城市通过与外部系统进行信息交流，吸收新的知识、技术和观念，提高城市生态系统的适应能力和可持续发展水平。

4. 生物互动

城市生态系统与周边自然生态系统之间存在生物的迁移和互动。城市中的绿地、公园等生态空间为野生动植物提供栖息地，城市居民也会前往郊区的自然景区进行休闲活动，形成人与自然的互动。

（四）城市生态系统是一个不稳定的系统

城市生态系统具有一定的不稳定性。人类活动的变化和自然界的突发事件都可能导致城市生态系统失衡。当然，这种不稳定性是相对而言的。具体来说，城市生态系统的不稳定性主要表现在以下几个方面。

1. 系统内部的不稳定性

城市生态系统内部存在多个子系统，如生产、生活、交通等不同功能区。这些子系统之间的相互影响和作用可能导致整体系统的失衡。例如，过度的土地开发可能导致生态环境恶化，影响城市居民的居住质量。

2. 外部环境的影响

城市生态系统易受外部环境变化的影响，如气候变化、资源变化、经济波动等。这些外部因素可能对城市生态系统产生严重的负面影响，导致生态环境恶化、资源短缺、社会不稳定等问题。

3. 突发事件的影响

自然界的突发事件，如地震、洪水、疫情等，以及人类活动引发的突发事件，如事故、战争等，都可能对城市生态系统产生巨大的冲击，导致系统的失衡和破坏。

（五）城市生态系统是一个具有较强依赖性的系统

城市生态系统具有较强的依赖性，这种依赖性要求城市生态系统管理采取综合、协调的策略，平衡各个子系统的利益，以实现整体的可持续发展。具体来说，城市生态系统的依赖性主要表现在以下几个方面。

1. 资源依赖

城市生态系统依赖于外部资源的输入，如能源、水资源、食物等，以满足城市居民的生产、生活需要。这种依赖性使得城市生态系统在资源获取和利用上具有一定的脆弱性。

2. 技术依赖

城市生态系统在很大程度上依赖于先进的科学技术，如生物降解技术、污水回收利用技术等，以提高资源利用效率、降低环境污染、提升生活质量等。这种依赖性意味着科技进步对城市生态系统的发展具有关键性影响。

3. 社会经济依赖

城市生态系统的稳定和发展与社会经济发展密切相关。经济增长可以为城市生态系统提供资金、技术等支持，但过度的经济追求也可能导致资源枯竭、环境恶化等问题。

4. 政策依赖

城市生态系统的管理和保护需要依赖于有效的政策和法律体系。政府在城市生态系统管理中具有主导作用，需要制定合理的政策、规划和法律法规，以引导和约束城市生态系统的可持续发展。

四、城市生态系统的功能

城市生态系统功能是指系统及其内部各子系统或各组成成分各自所具有的或合成以后的作用。城市生态系统是一个开放性的人工生态系统，它最基本的功能是组织社会生产，方便居民生活，提供经济、社会发展的保障等。具体而言，城市生态系统的主要功能有：生产功能、生活功能、还原功能和调节功能。这些功能是通过城市系统内部及其与城市系统外部的物质循环、能量流动、商品交换、交通运输、金融流通、人口流动、人才交流、信息传递等运动过程体现的。

（一）生产功能

城市生态系统的生产功能是指城市生态系统具有利用区域内外自然的以及其他各种资源生产出物质和精神产品的能力。城市生态系统的生产可以分为生物性生产与非生物性生产两大类。

1. 生物性生产

生物性生产是指城市生态系统中，通过生物活动进行的物质生产过程。主要包括植物生产、农业生产和畜牧业生产三类。

（1）植物生产。植物生产是城市生态系统中植被通过光合作用产生有机物质的过程。这些植被具有景观美化功能，能够为城市创造宜人的生活环境。与此同时，植物生产还有助于改善空气质量、调节微气候、提高生物多样性以及减缓城市热岛效应等功能。

（2）农业生产。农业生产是城市生态系统中农业活动的物质生产过程。城市生态系统中的农业生产主要集中在城市周边的农田以及城市市区的菜园、果园等区域。城市农业生产为城市居民提供丰富的食物、观赏植物等资源。城市农业生产还展现了城市与农村的紧密互补关系，有助于促进城乡经济一体化发展。

（3）畜牧业生产。畜牧业生产是城市生态系统中涉及家畜家禽养殖的物质生产过程。城市周边的畜牧业为城市提供肉类、奶类等食物资源，满足城市居民的日常生活需求。畜牧业的副产品如畜禽粪便可用于有机肥料生产，促进生物循环，提高资源利用率。随着现代畜牧技术的发展，畜牧业逐渐向生态、环保、高效的方向发展，例如，改进饲料、减少抗生素使用、优化养殖方式等。畜牧业在城市生态系统中起到了重要的支撑作用，有助于维持城市生态系统的稳定与可持续发展。

2. 非生物性生产

城市生态系统的非生物性生产包括物质性生产和非物质性生产两个方面，这也是城市生态系统不同于自然生态系统的明显特征。

（1）物质性生产。城市生态系统的物质性生产主要包括工业生产、基础设施建设等。工业生产为城市提供各种产品，如家电、纺织、化工、汽车制造等，推动城市经济增长。基础设施建设包括住宅、交通、教育、医疗等设施的建设，能够为居民提供生活保障。

（2）非物质性生产。城市生态系统的非物质性生产包括文化、科技、教育、旅游等领域的服务。这些服务为城市居民提供精神文化需求，有助于提高城市居民的生活质量。例如，博物馆、图书馆、剧院等文化设施，为城市居民提供文化娱乐服务；研究所、实验室等科技设施，推动城市科技进步；学校、培训机构等教育设施，提高人才素质；景区、酒店、旅游服务等旅游设施，为居民提供休闲度假体验。

（二）生活功能

生活功能是指人们在社会中的全部活动。具体而言，城市生态系统的生活功能主要表现为以下四点。

1. 住房

住房是居民生活的基本需求，城市生态系统为居民提供了多种类型的住房选择，包括公寓、独栋别墅、公共住房等。满足了人们对安全、舒适的居住环境的追求。在现代城市规划中，应关注住房的可持续性、人居环境的优化以及住房资源的合理分配。例如，引入绿色建筑、智能家居、社区共享空间等创新理念，实现城市住房的高效利用、人与自然的和谐共生。

2. 交通运输

城市生态系统的交通设施包括道路、交通工具、机械设备信号标志、通信设备等，道路有效地连接了城市各个区域，为居民出行提供便利。高效、便捷的交通系统是城市发展的重要基石，对促进城市经济、社会、文化交流具有重要意义。在未来城市交通规划中，应着力发展绿色、低碳、智能交通，如公共交通优先、共享出行、自动驾驶技术等，以降低交通拥堵、减少能源消耗、提高出行效率。

3. 教育与医疗

城市生态系统内的学校、医院、社区卫生服务中心等设施为居民提供教育和医疗服务。教育是提升人才素质、促进社会进步的关键因素，而医疗则关乎居民的健康福祉。在城市生态系统中，应注重优化教育与医疗资源布局，提高服务质量与可及性，以满足城市居民多样化、个性化的需求。例如，创新完善数字化教育、远程医疗、社区养老等服务模式，实现教育与医疗资源的高效利用，提升居民生活质量。

4. 文化娱乐

城市生态系统内的公园、文化中心、体育场馆、影院等设施为居民提供休闲娱乐场所。文化娱乐设施丰富了城市居民的精神生活，提升了居民的幸福感，同时也有助于构建城市特色、增强文化底蕴。在现代城市规划中，应关注文化娱乐设施建设的多样性、普及性。例如，开发绿色休闲公园、推广社区文化活动、提倡健康的体育运动等，以满足不同年龄、兴趣、需求的城市居民的文化娱乐需求。

（三）还原功能

还原功能是指城市生态系统在经济、社会活动中消耗资源后，对自然环境进行修复和恢复的能力，主要包括以下两个方面。

1. 废物处理与回收

城市生态系统内的垃圾处理设施、污水处理设施等有助于减少环境污染和资源浪费。在高度发展的城市生活中，废物产生和处理问题已成为城市生态系统中的重点。垃圾处理需要采用生物降解、高温焚烧、资源化利用等技术，将城市废物处理或转化为可再利用的资源，最大限度地降低废物对环境的影响。污水处理则通过采用生物处理、物理化学处理等技术，有效去除污水中的有害物质，将污水净化为可再利用的水资源，降低水环境污染。此外，城市生态系统中废物分类、回收再利用等环节的管理也应加强，以促进循环经济的发展。

2. 绿化与生态修复

城市生态系统的绿地、湿地等生态空间有助于减轻城市环境压力，恢复生态平衡。城市绿地是城市生态系统的重要组成部分，它通过植物的生长和光合作用，为城市提供清新空气，净化城市环境，提高城市中的生物多样性。绿地还具有调节城市气候、减轻热岛效应、缓解噪声、美化环境等多重功能。现代城市规划应关注绿地系统的布局、连通性和多样性，推动生态绿化与城市建设的有机融合。

城市生态修复是指通过人工干预，恢复城市生态系统受到破坏的自然功能，包括湿地修复、土壤修复、水体修复等。湿地是生物多样性的重要载体，具有净化水质、调节气候、维护生态稳定等功能。城市湿地修复要关注湿地生态系统的保护和恢复，提高城市水资源的可持续利用率。土壤修复旨在消除土壤污染，改善土壤质量，恢复土壤生态功能。水体修复则着眼于水质净化、水生态恢复，提高城市水资源的利用效率和生态价值。

（四）调节功能

调节功能是指城市生态系统在维护自身稳定和生态平衡方面的功能。在城市生态系统中，调节功能表现为以下五个方面。

1. 气候调节

城市生态系统的植被和水体对于调节城市气候具有重要作用。绿地和水体通过蒸发和蒸腾作用降低周围空气温度，有助于缓解城市热岛效应。此外，植被的光合作用可以吸收二氧化碳，释放氧气，有效提高城市空气质量。

2. 水文调节

城市生态系统中的植被和土壤对城市水文具有重要影响。植被可以增加雨水的入渗量，减少径流量，有助于预防洪水和水土流失。土壤具有较强的吸水性能，能够涵养水源，减缓地下水位下降。为了实现城市水文平衡，城市规划过程中应加强雨水资源的利用和保护，优化城市绿地和水体布局，建设生态宜居城市。

3. 空气净化

城市生态系统的植被具有显著的空气净化作用。通过光合作用，植被可以吸附大气中的有害物质，如二氧化碳、硫氧化物和氮氧化物等，从而改善空气质量。同时，植被的叶表面还能吸附和沉积大气中的颗粒物，进一步净化城市空气。

4. 噪声消减

城市生态系统的植被对于减缓噪声污染具有显著作用。植被通过吸收、散射和反射噪声，降低噪声污染对人类生活的影响。特别是高速公路、机场、工业区等噪声污染严重的区域，建设植被屏障可以有效减轻噪声对周边居民的干扰。因此，在城市规划和建设中，应充分考虑植被在噪声消减方面的功能，优化城市绿化布局，提高城市生态环境质量。

5. 生物多样性保护

城市生态系统内的公园、绿地、湿地等生态空间为不同物种提供了栖息地，有助于维护生物多样性。生物多样性是衡量生态系统健康和稳定的重要指标。保护生物多样性不仅有利于维持生态平衡，还可以提高城市居民的生活质量和环境美誉度。为此，城市规划应关注生态空间的保护和建设，推动生物多样性保护与城市发展的协同进步。

城市生态系统的生产功能、生活功能、还原功能和调节功能相互关联，共同为城市经济、社会发展和居民生活提供支持。理解和关注这些功能有助于科学地进行城市生态系统规划和管理，进而实现城市可持续发展。

第二节　城市生态规划概述

一、城市生态规划的内涵

城市生态规划的概念源于生态学和城市规划学的交叉领域，早期的生态规划主要关注土地规划和资源利用，随着生态学的发展和人类对生态环境的认识不断加深，生态规划的范畴逐渐拓展至人口、资源、环境、经济等多个方面。在此基础上，城市生态规划将生态学原理与城市总体规划、环境规划有机结合，为城市生态系统的生态开发和生态建设提供科学、合理的对策。

在城市生态规划中，生态系统被视为一个有机整体，强调各要素之间的相互关系和相互作用。生态系统中的各子系统包括自然生态子系统（如气候、地形、水文、土壤、生物多样性等）、社会生态子系统（如人口、社会结构、经济活动、文化传统等）以及人类活动子系统（如居住、生产、交通、基础设施、公共服务等）。城市生态规划旨在通过对这些子系统的综合布局，实现各要素的协同发展，维护城市生态系统的平衡。

城市生态规划的实践涉及多个层面，包括生态环境保护、生态功能区划、城市空间结构优化、绿色基础设施建设、资源节约与循环利用、环境污染防治、气候变化适应和减缓等。在这些方面，城市生态规划者（以下简称"规划者"）采用系统的、全面的、预防性的方法，强调协同和整体性，遵循系统性、预防性和可持续性等原则。

城市生态规划的实施需要多学科、多部门、多利益主体的参与和协作，涉及政策制定、规划编制、实施与监测、评估与调整等多个环节。

在政策制定层面，规划者需要制定一系列与生态保护和可持续发展相关的法律、法规和政策，为规划实施提供法律依据和政策支持。在规划编制阶段，需要进行基础调查与分析，全面了解城市生态系统的现状、问题与潜在风险，明确规划目标和任务，制订具体的规划方案。在实施与监测环节，要确保规划方案的有效执行，建立健全监测与评估体系，对规划实施进行持续跟踪和监控。在评估与调整阶段，需要定期对规划实施成果进行评估，根据评估结果对规划方案进行适时调整，以确保城市生态规划的实施效果。

总之，城市生态规划不同于传统的只考虑城市环境各组成要素及其关系的城市环境规划，也不仅仅局限于将生态学原理应用于城市环境规划中，而是涉及城市规划的方方面面。与此同时，城市生态规划也不仅仅只重视城市当前的生态关系和生态质量，还关注城市未来的生态关系和生态质量，追求的是城市生态系统的可持续发展。

二、城市生态规划的目标

（一）优化城市空间结构

城市生态规划作为一种现代城市发展理念，一个重要的目标就是优化城市空间结构。具体来说，该目标主要体现在以下三个方面。

1. 合理规划城市发展区、生态保护区和绿色基础设施

城市发展区作为城市经济活动的核心载体，其规划应充分考虑土地、人口、资源等多方面因素，以确保资源配置的高效合理，减少对生态环境的负面影响。生态保护区的设立有助于维护城市生态系统的完整性和稳定性，有助于优先保护生物多样性，有助于保护水域、森林等关键生态系统。绿色基础设施的设立包括生态廊道、绿色屋顶、公园绿地等设施，绿色基础设施的设立可以提高城市生态环境质量和居民生活品质。

2. 提高城市空间利用效率，减少城市扩张对生态环境的压力

规划者可以通过实施集约化土地利用策略、推动紧凑型城市布局等方式，有效实现资源的高效利用。此外，还应该充分发挥城市立体空间的潜力，将城市空间向纵向拓展，缓解城市用地压力，为优化生态环境腾出更多空间。

3. 促进交通、能源、水资源等基础设施的绿色发展，降低资源消耗和环境污染

规划者应倡导低碳出行理念，采用骑行、步行、乘坐公共交通工具等绿色出行方式出行，减少交通运输对环境的污染；大力发展可再生能源、提高能源利用效率，降低能源消耗对环境的负面影响；推进水资源的高效利用与保护，通过建立完善的水资源管理体系，提高水资源的利用率。在废弃物处理方面，优化城市废弃物处理设施，促进废弃物的减量化、资源化和无害化处理，减少废弃物对环境的污染。

（二）促进城市可持续发展

城市可持续发展是指在不损害环境和资源的前提下，实现经济、社会和环境三方面协调发展的过程。要实现城市可持续发展的目标，需要从以下几个方面入手。

1. 发展循环经济

通过推广循环经济模式，促进资源的有效利用，减少生产过程中的废弃物排放。循环经济模式包括产业内循环、产业之间循环和产业与自然界循环。例如，利用废水进行再生处理，实现水资源的循环利用，提高资源利用效率。此外，可以推动企业之间的协同合作，实现资源共享，降低生产成本。通过政策引导、财税支持、技术创新等手段，推动循环经济在城市发展中的深入融合，为城市可持续发展提供有力保障。

2. 发展绿色产业

绿色产业具有低能耗、低排放、低污染的特点，发展绿色产业可以

减少环境污染和资源消耗。通过政策扶持、技术创新等手段，推动绿色产业的发展，提高产业结构的绿色化水平。绿色产业的发展不仅有利于改善城市环境，还能提高城市竞争力，为城市经济发展注入新的活力。绿色产业包括清洁能源、绿色交通、环保材料、节能建筑等领域，需要各级政府、企业和社会各界共同努力，培育和发展绿色产业链，推动城市转型升级。

3.发展绿色建筑

绿色建筑具有节能、环保、舒适、健康等特点。推广绿色建筑理念和技术，有助于提高建筑物的能源效率，降低环境污染，提高城市居民的生活品质。绿色建筑的实施涉及建筑设计、建筑材料、建筑施工、建筑运行等多个环节。通过政策引导、技术支持、经济激励等手段，推动绿色建筑在城市发展中的广泛应用，为城市可持续发展提供坚实支撑。

（三）改善城市环境质量

改善城市环境质量也是城市生态规划的关键目标之一。要实现这一目标，需要从以下几个方面着手。

1.控制和治理大气污染

通过采取多种措施，减少大气污染物的排放。例如，严格控制工业排放，加强汽车尾气治理，推广清洁能源等。具体措施包括限制高污染、高能耗企业的生产，推广绿色生产技术，提高工业生产过程中的能源利用效率等。此外，还需加强对交通领域的管理，提倡公共交通和非机动车出行的出行方式，减少私家车使用，减少机动车尾气排放。通过上述措施，降低城市大气污染物的排放量，改善城市空气质量，为居民提供更加宜居的生活环境。

2.控制和治理水污染

通过加强水资源管理，提高污水处理设施建设和运行水平，减少水体污染。例如，建立完善的污水收集、处理和排放体系，加强对工业废水的监管，提高农业用水的节水率等。具体措施包括建立水污染源头控制制度，加大对重点污染企业的治理力度，确保污水得到有效处理。同时，还需加强城市雨水管理，减少雨水径流对水体的污染。通过上述措施，保护城市水资源，提高城市水环境质量。

3. 控制和治理噪声污染

通过采取相应措施，减少噪声污染对城市居民生活的影响。例如，加强城市道路、建筑施工等噪声源的管理，建立噪声污染监测和预警体系。具体措施包括实施交通噪声限值标准，优化道路交通布局，降低交通噪声；在建筑施工过程中，采用低噪声施工设备和技术，减少施工噪声对周边环境的影响；在城市规划设计中，合理划定功能区，降低不同功能区之间的噪音传播。通过上述措施，降低城市噪声污染水平，改善城市居民的生活环境。

（四）保护生物多样性

生物多样性是指在一定区域内生物种类、基因和生态系统的多样性。保护生物多样性是城市生态规划的重要目标之一，具体措施包括以下几点。

1. 制定生物多样性保护规划

编制生物多样性保护规划，明确保护目标和任务，指导城市生态规划的实施。生物多样性保护规划应当包括生态系统的保护和恢复、野生动植物种群的保护和繁育、特有物种和珍稀濒危物种的保护等内容。通过制定和实施生物多样性保护规划，为城市生态建设提供科学指导。

2. 设立生态保护区

设立生态保护区，对生态敏感区域、重要生态功能区和生物多样性热点区域进行有效保护。生态保护区的设立有助于保护生物种群、恢复生态系统功能、维持生态平衡。通过开展生态科普教育和生态旅游，提高公众对生物多样性保护的认识和参与度。

3.保护和恢复生态系统

通过生态修复、重建和管理等手段，保护和恢复生态系统的功能和完整性。具体措施包括植被恢复、湿地保护和修复、土地退耕还林等。通过上述措施，保护生物多样性，维护生态平衡，促进生态系统的可持续发展。

4.加强野生动植物保护

制定并实施野生动植物保护政策，加强对珍稀濒危物种的保护和繁育。具体措施包括加强对野生动植物栖息地的保护，划定野生动植物保护区；严格限制对珍稀濒危物种的捕猎和贸易，加大对非法捕猎和非法贸易的打击力度；开展野生动植物资源调查和监测，评估生物多样性状况，为野生动植物保护工作提供科学依据。

（五）加强城市与周边地区的协调发展

城市发展需要与周边地区进行协调，共同促进整个区域的发展。要实现这一目标，需要从以下几个方面着手。

1.强化区域一体化规划

强化区域规划的一体化，将城市与周边地区纳入统一的规划体系，实现资源、环境、经济等方面的协调发展。具体措施包括制定城市群发展战略、区域产业布局规划、基础设施互联互通规划等。通过加强区域一体化规划，实现城市与周边地区的协同发展，提高整体区域竞争力。

2.建立跨区域合作机制

建立跨区域合作机制，促进城市与周边地区在资源配置、产业发展、基础设施建设等方面的合作。具体措施包括建立区域合作组织、制定跨区域政策法规、开展资源共享和技术交流等。通过跨区域合作机制，可以优化区域资源配置，减少城市间的发展差距，实现区域内生态环境和经济的共赢发展。

3. 建立生态补偿机制

建立生态补偿机制，激励城市与周边地区在生态保护和修复方面的合作。具体措施包括制定生态补偿政策、实施生态补偿项目、建立生态补偿资金制度等。生态补偿机制有助于引导城市与周边地区共同承担生态环境保护责任，促进区域生态环境的改善和可持续发展。

4. 建设跨界生态走廊

通过建设跨界生态走廊，连接城市与周边地区的生态系统，实现生态网络的延伸和优化。具体措施包括规划建设跨界湿地、森林、绿道等生态走廊，促进生态系统服务功能的延伸，提高生态连通性。

（六）提高城市居民的生活品质

规划城市生态的终极目标是提高城市居民的生活品质。实现这一目标的具体措施包括以下几点。

1. 优化居住环境

通过合理规划和建设住宅区、公共设施等，为城市居民提供舒适、安全、便利的居住环境。具体措施包括提高住宅小区的绿化率、完善配套设施、加强基础设施建设等。优化居住环境有助于提高城市居民的生活满意度，增强城市的吸引力。

2. 丰富文化和休闲活动

通过举办丰富多样的文化和休闲活动，满足城市居民的精神文化需求。具体措施包括支持公共文化设施建设、举办文化艺术活动、推广体育健身等。丰富的文化和休闲活动有助于提高城市居民的生活品质，培养健康的生活方式。

3. 提高公共服务水平

通过提高教育、医疗、养老等公共服务的质量和水平，满足城市居民的基本生活需求。具体措施包括加大对基础教育、医疗卫生、社会保障等公共服务领域的投入，提高公共服务设施的覆盖率和质量。优质的公共服务有助于提高城市居民的生活品质，增强社会的和谐稳定。

4.增强环境保护意识和加强生态文明建设

通过开展环保宣传教育、推广绿色生活方式等活动，提高城市居民的环境保护意识，引导公众参与生态文明建设。具体措施包括开展环保宣传活动、推广绿色出行方式、倡导节能减排理念等。增强环境保护意识和加强生态文明建设有助于提高城市居民的生活品质，促进城市的可持续发展。

三、城市生态规划的原则

（一）系统性原则

城市生态规划中的系统性原则着重于整体性和协同性，将城市生态系统视为一个有机整体，强调各要素之间的相互关系和相互作用。在实施规划过程中，系统性原则要求规划者全面考虑生态环境、自然资源、人文环境、基础设施等多方面因素，实现各要素的协同发展。

首先，城市生态系统的整体性表现在其内部要素的紧密关联与互动上。城市生态系统包括自然要素、社会经济要素、人文要素等多个方面，这些要素相互作用、相互影响，构成了一个复杂的有机体。规划者需要深入研究城市生态系统的结构与功能，从整体角度出发，制订科学、合理的城市生态规划方案。

其次，城市生态系统的协同性是指各要素间的互动与协作。在规划过程中，各要素应保持协同一致，确保规划的顺利实施。例如，在城市绿地规划中，要把握生态环境、人文环境和基础设施的平衡关系，既要满足城市绿化和生态保护的需要，又要兼顾人们的休闲和文化需求，同时还要与城市交通、水利、能源等基础设施相互协调、相互支持。

最后，系统性原则要求在规划实施过程中，注重规划的动态性和适应性。城市生态系统是一个不断演化、发展的系统，规划者需要密切关注城市生态环境的变化，及时调整和完善规划方案，确保规划目标的顺利实现。

（二）科学规划原则

科学规划原则是城市生态规划的基本原则，指制定城市生态规划要遵循科学规划的原则和方法。它要求在城市规划过程中，要充分调研、分析和评价城市生态环境的现状和发展趋势，制订科学、可行的城市生态规划方案。

首先，科学规划原则要求规划者在制定规划时，充分调研城市生态环境的现状。这包括了解城市的自然环境、人文环境、基础设施等方面的情况，收集相关数据和信息，确保规划方案基于现实的基础上制订。同时，还包括对城市生态环境进行系统分析，揭示生态系统的结构、功能和相互关系，以便为制订科学的规划方案提供理论依据等。

其次，科学规划原则强调在制定规划方案时，要关注城市生态环境的发展趋势。这需要规划者深入分析城市生态环境的演变过程和驱动因素，预测未来可能的发展方向和面临的挑战。在此基础上，制订符合城市发展目标和生态保护要求的生态规划方案，为城市可持续发展提供科学指导。

再次，科学规划原则要求规划者在规划实施过程中，对规划方案进行动态调整和改进。随着城市生态环境的变化，原有的规划方案可能出现不适应的情况。因此，规划者需要根据实际情况，及时对规划方案进行评估和修订，以确保规划目标的顺利实现。

最后，科学规划原则还要求规划者运用科学的方法和技术，提高规划的精确性和可操作性。这包括运用地理信息系统（GIS）、遥感技术、生态模型等现代科技手段，提高数据收集、分析和处理的效率和准确性；同时，还要运用多学科交叉的理论知识，提高规划方案的科学性和合理性。

（三）预防性原则

规划者应关注潜在的生态环境问题，采取预防性的策略和措施，避免或减轻可能出现的负面影响。在规划过程中，要充分考虑气候变化、自然灾害、环境污染等风险因素，提前采取防范和控制措施。

首先，预防性原则强调在规划制定阶段，要关注城市生态环境的潜在问题。规划者需要深入了解城市所面临的生态风险和挑战，例如，气候变化导致的极端天气事件、生态系统退化、生物多样性丧失等，对这些问题进行预测和评估，确保规划方案能够有效应对未来可能发生的生态危机。

其次，预防性原则要求在规划实施过程中，积极采取预防和控制措施，避免生态环境问题的发生，或减轻生态环境问题发生的后果。例如，在城市绿地规划中，可以通过设置生态廊道、生态防护带等措施，减轻城市热岛效应、减少空气污染等问题；在城市基础设施规划中，可以采用清洁能源、低碳技术等环保手段，降低污染物排放量，减轻环境压力。

最后，预防性原则强调城市生态规划的前瞻性和创新性。规划者需要关注国内外生态规划的最新动态和发展趋势，不断吸收新理念、新方法和新技术，提高城市生态规划的预防性和针对性。例如，通过运用生态工程、景观生态学等新兴学科理念，实现城市生态系统的可持续化管理与保护。

（四）可持续性原则

城市生态规划应关注城市的长远发展，实现经济、社会、环境的可持续发展。

首先，可持续性原则要求在城市生态规划中，注重资源和能源的合理利用。规划者应优化资源配置，降低资源消耗，提高资源利用效率。例如，在城市绿地规划中，可以通过建设绿色基础设施、进行生态补偿等措施，实现土地、水资源等自然资源的可持续利用；在能源规划中，可以通过发展清洁能源、提高能源利用效率等手段，实现能源的可持续供给。

其次，可持续性原则强调推动绿色经济和循环经济的发展。在规划过程中，规划者要关注产业结构调整和升级，促进低碳、环保、高效的绿色产业发展，减少环境污染和生态破坏。同时，要加强循环经济理念的推广和应用，提高资源回收利用率，降低废弃物排放，构建绿色、低碳的城市经济体系。

再次，可持续性原则关注社会公平、包容和共享。在城市生态规划中，规划者要兼顾不同群体和不同区域的利益，促进资源和环境公平分配，减少社会不平等和贫困现象。例如，在住房和基础设施规划中，要关注弱势群体的需求，提供优质、公平的公共服务，确保城市居民享有公平的生活机会和环境权益。

最后，可持续性原则要求培育绿色、低碳、环保的生活方式和消费观念。规划者应通过宣传教育、政策引导等手段，提高城市居民的生态文明意识和素养，引导人们积极参与绿色生活，减少不必要的资源消耗和环境破坏。

（五）民主参与原则

民主参与原则是城市生态规划的重要原则，指在城市规划过程中，要广泛听取公众意见，提高公众参与城市规划的能力和意识。它要求城市规划应该满足公众利益和民生需求，充分保障公众的知情权、参与权和表达权，实现城市规划的公正、公开、公平和公认。

首先，民主参与原则要求在城市生态规划制定阶段，广泛征求公众意见和建议。规划者应通过公开征集意见、召开座谈会、开展调查问卷等方式，积极收集公众对城市生态规划的期望和需求，确保规划方案充分反映公众利益和回应民生关切。

其次，民主参与原则强调在规划实施过程中，保障公众的参与权和表达权。规划者应建立健全公众参与机制，如定期举办公众参与活动、设立公众意见箱等，鼓励公众参与规划的实施、监督和评估等环节，为城市生态规划提供民意支持和民间智慧。

再次，民主参与原则要求在规划过程中，充分保障公众的知情权。规划者应通过各种渠道，如政府网站、新闻发布会等，及时向公众公开规划信息，包括规划背景、目标、方案、实施进度等内容，让公众了解城市生态规划的全貌，提高公众的知情水平。

最后，民主参与原则关注城市生态规划的公正、公开、公平和公认。规划者要遵循民主、法治、科学的原则，确保城市生态规划的过程和结果符合公众利益和民生需求。此外，还要关注弱势群体的权益保护，避免因规划实施而加剧社会不公和资源分配不均等现象。

四、城市生态规划的流程

城市生态规划是一项系统性、科学性和长期性的工作，需要按照一定的流程来保证规划的质量和实施效果。一般来说，城市生态规划的流程可以分为以下几个阶段，如图 1-2 所示。

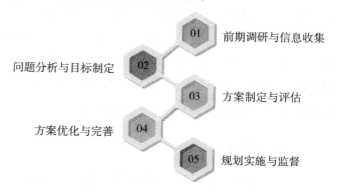

图 1-2　城市生态规划的流程

（一）前期调研与信息收集

在城市生态规划开始之前，需要对城市的生态环境现状、自然资源、人文环境、基础设施等进行全面调查与分析。这包括收集城市的历史背景、自然地理、气候条件、生态系统类型、土地利用状况、环境质量、社会经济等方面的数据。调研的目的是为规划提供充分的基础数据和参考依据，确保规划的科学性和针对性。

（二）问题分析与目标制定

在收集了充分的前期信息后，需要对城市生态环境存在的问题进行深入分析，识别出主要的生态问题和矛盾，为制定规划目标提供依据。同时，需要根据城市的实际情况和发展需求，明确规划的总体目标、阶段目标和具体任务。

（三）方案制订与评估

根据问题分析和目标制定的结果，制订具体的城市生态规划方案。方案应包括生态保护与修复、土地利用、基础设施建设、环境治理、资源节约与循环利用、绿色发展等多方面的内容。在制订方案的过程中，需要充分考虑技术、经济、社会和环境等多方面的因素，确保方案的可行性和有效性。在方案制订完成后，需要对其进行评估，以确认方案是否符合预期目标和要求。评估可以采用定性与定量相结合的方法，包括生态环境影响评估、经济效益评估、社会效益评估等。

（四）方案优化与完善

根据评估结果，对规划方案进行优化和完善。优化和完善的内容主要涉及调整规划内容、目标、任务、策略等方面，目的是提高规划的实施效果。

（五）规划实施与监督

在规划方案得到批准后，进入实施阶段。规划者需要建立一个有效的实施机制，确保规划任务的落实和推进。在实施过程中，要加强对规划实施情况的监督和管理，定期开展评估与检查，确保规划目标得以实现。同时，需要对实施过程中遇到的问题进行及时调整和应对，保证规划的顺利推进。

第三节 城市生态管理概述

一、城市生态管理的概念

根据城市生态系统的概念，大家可以知道城市生态系统是一个复杂的、多维度的系统，包括自然、社会、经济等多个方面的相互关联与相互作用。因此，城市生态管理就是指对城市生态系统的各个要素和关系进行统筹协调、合理控制和优化配置的一系列行为与措施，通过城市生态管理，实现城市的可持续发展和人类与自然的和谐共生。具体而言，城市生态管理涉及城市规划、资源利用、环境保护、污染防治、生态建设、人口与经济发展等多个方面。通过对上述方面的有效管理，实现城市生态系统的整体优化和提升。

二、城市生态管理的特征

（一）复杂性

城市生态系统是由自然、社会、经济等多种因素相互交织而形成的一个复杂的网络。管理城市生态需要综合考虑上述因素，制定科学的管理措施。

1. 自然因素

城市生态系统包括水体、土壤、植被、动物、气候等多个自然要素。这些要素相互依赖、相互影响，共同构成了城市的生态基础。管理者需要充分了解和分析这些自然要素，为制定合理的管理措施提供科学依据。

2. 社会因素

城市生态系统受到人口、文化、教育、健康、安全等多个社会因素的影响。这些因素与城市生态环境密切相关，对城市生态系统的健康和稳定产生重要作用。管理者需要关注上述社会因素，以促进人与自然的和谐共生。

3. 经济因素

城市发展的经济活动会对城市生态系统产生影响。例如，工业生产、建筑施工、交通运输等都可能导致环境污染、资源消耗和生态破坏。管理者需要兼顾经济发展和生态保护，实现城市的可持续发展。

4. 政策因素

政府的政策和法规对城市生态管理具有重要指导作用。管理者需要遵循相关政策法规，确保管理措施的合法性和有效性。此外，政府还需要加大对生态保护的投入，完善环境监测系统和信息公开机制，提高生态管理的水平。

（二）动态性

城市生态系统是一个不断发展和变化的动态过程。因此，需要不断调整、更新城市生态系统，以适应城市发展的需要。具体而言，城市生态系统及其管理的动态性主要表现在以下几个方面。

1. 城市发展进程中的动态性

随着城市的发展和扩张，城市生态系统也在不断发生变化。城市空间结构、人口分布、经济产业等方面的变化都会对城市生态环境产生影响。管理者需要密切关注这些变化，及时调整和优化管理措施。

2. 生态环境问题的动态性

随着科技的发展和人类活动的增加，城市生态环境面临的问题和挑战也在不断变化。例如，气候变化、新型污染物、城市热岛效应等问题逐渐凸显。管理者需要及时识别和应对这些新问题，制定相应的应对策略。

3. 生态保护技术的动态性

科学技术在生态保护领域不断取得突破进展，为城市生态管理提供了新的工具和方法。管理者需要紧跟科技发展趋势，积极引入新技术，提高生态管理的效率和效果。

4. 制度与政策的动态性

随着社会经济的发展和环境问题的变化，政府及其有关部门会不断调整和完善环境保护政策和法规。管理者需要紧密关注政策法规的变化，及时调整自身的管理措施，确保管理措施的合规性和有效性。

（三）公共性

城市生态管理涉及广泛的利益相关者，包括政府、企业、民间组织和个人。有效的城市生态管理需要各方共同参与和协作。

1. 政府角色

政府在城市生态管理中扮演着主导者的角色。政府需要制定科学合理的生态保护政策和法规，加大对生态保护的投入，确保政策法规的有效执行。

2. 企业责任

企业作为城市经济发展的主体，需要承担起环保责任，严格遵守环保法规，减少生产过程中的污染物排放和资源消耗。

3. 民间组织参与

民间组织在城市生态管理中具有独特的优势。民间组织可以通过宣传教育、技术支持、志愿服务等方式，推动公众参与生态保护，提高生态保护的效果。

4. 个人行动

每个市民都是城市生态环境的受益者和维护者。个人需要积极参与生态保护活动，改变不利于保护生态环境的生活方式，共同维护城市生态环境的健康和美丽。

三、城市生态管理的目标

城市生态管理的目标和城市生态规划的目标相一致，相关内容笔者在前面已有论述，在此便不再赘述。

四、城市生态管理的原则

（一）科学性原则

科学性原则要求进行城市生态管理时，依据科学知识和技术，对城市环境问题进行深入研究，采取科学有效的方法进行管理。具体而言，城市生态管理的科学性原则主要体现在以下几个方面。

1. 依据相关学科的理论和方法，提出科学合理的管理措施

城市生态管理需要管理者依据生态学、环境科学等多种学科的理论和方法，确保管理措施科学合理。生态学提供了生物、非生物组成和生态过程之间相互关系的理论基础，可以帮助管理者更好地理解城市生态系统的结构和功能。环境科学则关注环境问题的成因、影响及治理技术，能够为城市生态管理提供技术支持。这些学科的理论和方法有助于识别城市生态环境问题，制定有效的管理策略。例如，生态学中的生物多样性理念可以指导城市绿地规划，确保城市生态系统的稳定性和可持续性。环境科学中的污染物去除技术可以应用于城市污水处理和废气治理中，改善城市环境质量。通过这些学科的交叉整合，管理者可以更有针对性地解决环境问题，实现生态、经济和社会的协调发展。

2. 利用现代科技为管理决策提供有力支撑

数据驱动和信息化手段在城市生态管理中具有重要作用。大数据技术可以帮助管理者实时收集和分析城市环境数据，如空气质量、水质、噪声等，为制定管理策略提供依据。地理信息系统技术（GIS）则有助于管理者直观地展示和分析城市空间数据，如土地利用、生态敏感区等，

为城市生态规划研究提供技术支持。这些技术的应用可以提高城市生态管理的精确度和效率。例如，基于大数据分析的环境预警系统可以实时监测污染物排放，及时发现潜在风险，避免突发环境事件的发生。GIS技术则可以辅助城市绿地规划，保障生态廊道的连通性，提高城市生态系统的稳定性和适应性。

3. 探索新技术、新方法，提高城市生态管理的效率和效果。

创新在城市生态管理中起到关键作用。面对不断变化的城市生态环境问题，管理者需要不断探索新技术、新方法来应对挑战。这些创新可能包括新型治理技术、管理策略和制度安排等。积极引入创新可以提高城市生态管理的效率和效果，推动城市生态系统向更可持续的方向发展。例如，生物技术在环境修复方面的应用可以提高污染物去除效果，降低修复成本。绿色建筑和低碳技术的发展可以提高城市能源利用效率，减少温室气体排放。此外，利用互联网和移动通信技术，构建智慧城市生态管理平台，可以提高信息传递的效率，加强部门间的协同治理，提高城市生态管理水平。

4. 注重实证研究

实证研究对于管理城市生态具有重要指导作用。通过对成功案例和实践经验的分析，可以发现有效的管理策略，为城市生态管理提供借鉴。此外，实证研究还有助于检验管理策略取得的实际效果，为优化管理措施提供依据。实证研究可以从多个层面开展，包括国际、国内和地方层面。国际层面的案例分析可以帮助管理者了解世界各地城市生态管理的先进理念和实践经验，为本地城市生态管理提供有益借鉴。国内和地方层面的案例分析则有助于发现具有本土特色的管理策略，为不同地区的城市生态管理提供适应性指导。

（二）系统性原则

城市生态管理过程中，管理者应关注城市生态系统的整体性，从整体出发考虑各个环节和要素的相互关系和影响，实现全局优化。具体而言，城市生态管理的系统性原则主要体现在以下几个方面。

1. 生态系统观

管理者需要站在生态系统的高度，全面考虑城市生态系统的结构、功能和稳定性。例如，关注城市生态系统中的生物多样性、营养循环、能量传导等方面，确保生态系统的平衡和健康。

2. 相互作用分析

管理者需要认识到自然环境、社会环境和经济环境的相互作用和影响，避免片面的管理措施带来的负面效果。例如，在城市规划中，考虑城市扩张对周边农田、湿地和森林的影响；在产业发展中，关注企业污染物排放对水资源、土壤和大气的影响等。

3. 综合治理

管理者应采取综合治理手段，对城市生态系统的各个要素和环节进行统筹调整。例如，实施城市绿化、水体保护、废物处理等多种措施，形成协同效应，提高生态管理的整体效果。

4. 生态廊道规划

管理者需要关注城市生态廊道的建设，促进城市内部及其与周边地区的生态联系，保障生物多样性和生态系统功能的传递。例如，规划和建设城市绿地、水系、森林等生态廊道，保持生态系统的连通性和完整性。

（三）法治原则

城市生态管理应依法进行，管理者制定并严格执行环境法规和标准，保障管理措施的公正性和合法性。具体而言，城市生态管理的法治原则主要体现在以下几个方面。

1. 完善法规体系

城市生态管理需要管理者建立和完善环保法规体系，明确各方的权责关系。例如，制定城市绿地建设、污水排放、噪声控制等方面的法规，确保生态管理工作的合法性和有效性。

2. 严格执法监管

城市生态管理过程中，管理者应加强环保执法监管力度，确保法规得到有效执行。例如，设立专门的环保执法部门，加大对违法排污企业的查处力度，依法追究环保责任人的法律责任等。

3. 司法保障

城市生态管理需要管理者发挥司法保障作用，为公众提供维护自身环保权益的途径。例如，建立环境公益诉讼制度，支持公众和民间组织通过司法途径维权，促进环保法规的实施和执行。

4. 法治宣传教育

城市生态管理需要管理者加强法治宣传教育，提高公众的法治意识和法治素养。例如，通过各种渠道普及环保法规知识，开展法治教育活动，引导公众依法行使环保权益等。

（四）区域协调原则

管理城市生态应充分考虑城市之间的相互联系和影响，推动区域性的环境治理和生态保护，实现区域生态系统的协调发展。具体而言，城市生态管理的区域协调原则主要体现在以下几个方面。

1. 跨区域规划

城市生态管理需要管理者加强跨区域的规划和协调，促进区域内各城市间的生态互补。例如，制定区域性的绿地规划、生态廊道建设、水资源调配等方案，实现各城市间的资源共享和生态协同。

2. 区域环境治理

城市生态管理需要管理者推动区域性的环境治理，解决跨界污染问题。例如，建立区域性大气污染防治联盟，共享空气质量监测数据协同治理区域性的大气污染，加强跨区域的水污染治理，实现河流、湖泊等水体的共同保护等。

3. 生态资源共享

城市生态管理中，管理者应倡导生态资源的共享，推动区域间的生态资源优化配置。例如，建立生态资源共享机制，对各城市实施生态补偿，促进区域内生态资源的合理利用和保护等。

4. 区域合作与交流

城市生态管理需要管理者加强区域间的合作与交流，共享环保经验和技术。例如，建立区域性的环保合作平台，定期举办环保技术交流会、研讨会等活动，分享各城市在生态管理方面的成功经验和先进技术，互相学习，共同进步。

5. 应对全球性环境问题

城市生态管理需要管理者关注全球性的环境问题，共同应对气候变化、生物多样性减少等挑战。例如，加强区域性的气候变化研究，制订区域性的应对气候变化行动计划，共同推动温室气体减排；加强生物多样性保护，建立跨区域的生态保护区和生物多样性研究中心等。

通过上述五个原则的深入论述，可以看到，城市生态管理是一个多方面、多层次的系统工程，需要遵守科学性、系统性、公众参与、法治和区域协调等多个方面的原则。在实际工作中，各城市需要根据自身的实际情况，切实遵守上述原则，构建科学、高效、公平的城市生态管理体系，实现可持续发展的目标。

第二章 城市生态规划与管理的理论指导

第一节 可持续发展理论

一、可持续发展的概念

关于可持续发展理论的概念，目前国际上比较权威的定义是世界环境与发展委员会编写的《我们共同的未来》一书中所表达的"既满足当代人的需要，又不对后代人满足其需要的能力构成危害的发展"[①]。

虽然该定义目前被国内外学者普遍采用，但关于可持续发展的概念并没有因此达成共识。不同国家的发展存在差异，当代人的需要也存在差异，因而导致了不同国家对可持续发展的理解上的差异。

例如，英国环境经济学家戴维·皮尔斯（D.W Pearce）和杰瑞米·沃福德（J.J Warford）在《世界无末日——经济学、环境与可持续发展》一书中指出，可持续发展就是在保证当代人福利增加的同时，也不使后

---

① 世界环境与发展委员会.我们共同的未来[M].长沙：湖南教育出版社,2009：79.

代人的福利减少。①

再如，世界资源研究所在《世界资源报告（1992-1993）》中提出，可持续发展是不降低环境质量和不破坏世界自然资源基础的经济发展。②这里所强调的可持续发展是指经济的发展不能以牺牲资源和环境为代价，不能降低环境质量。

直到今天，关于可持续发展的概念依旧没有统一的定论。这其实从某种程度上反映了人们在不同层面对可持续发展的探索与理解，反映了不同国家进行可持续发展的特殊性。与此同时，大家也应该看到，可持续发展这一概念作为对可持续发展实践的概括和反映，本身就是一个不断完善、不断深入的过程，在这个过程中，出现认识上的差异在所难免。

基于我国国情以及其他学者对可持续发展概念的解释，笔者认为，可持续发展可以理解为人类能动地调控环境、人口、资源、经济、社会这一复合系统，并使之相互协调、持续发展的一种实践方式。这个概念要求大家认识到，环境、社会和经济是紧密相连的，不能单独看待。在可持续发展的发展方式下，管理者必须采取行动来解决各种问题，包括气候变化、能源短缺、环境污染和自然资源的过度开采等。同时，管理者还必须建立公正、包容和可持续的社会制度，以确保所有人都能够分享可持续发展的成果。

---

① 皮尔思，沃福德.世界无末日 经济学、环境与可持续发展 [M].张世秋，译.北京：中国财政经济出版社,1996:50.
② 世界资源研究所，联合国环境规划署，联合国开发计划署.世界资源报告（1992-1993）[M].张崇贤，柯金良，程伟雪，等.译.北京：中国环境科学出版社，1993:2.

二、可持续发展的基本原则

（一）可持续性原则

可持续性原则是可持续发展的核心原则，强调在保障资源的合理利用、环境的保护与改善、经济的持续增长和社会的公平正义等方面取得平衡。可持续性原则要求国家关注当代人的需求，同时考虑到未来世代的福祉，以确保资源持续地为现在和未来的人类所用。实现可持续性原则需要采取一系列措施，包括开展循环经济、推动绿色发展、推动清洁生产等，降低资源消耗和环境污染，促进推动经济增长和社会发展，以实现人与自然的和谐共生。

（二）公平性原则

公平性原则强调在可持续发展过程中，应确保各国、各地区、各民族和各阶层之间受到公平对待。公平性原则要求各国关注发展中国家和弱势群体的利益，以减少贫富差距，促进全球范围内的社会公平与正义。实现公平性原则需要在国与国间加强合作，推动先进技术的传播与应用，为发展中国家提供技术支持和资金援助。此外，还需在国内落实公平分配政策，保障弱势群体的基本权益，为他们提供教育、医疗等基本公共服务。

（三）共同性原则

共同性原则强调可持续发展是全球性的任务，需要各国、各地区、各民族和各阶层共同参与。共同性原则要求各国加强全球环境治理和国际合作，以实现全球范围内的可持续发展。实现共同性原则需要通过全球性的政策框架和行动计划，如联合国可持续发展目标，推动各国在经济、社会、环境等领域实现协同发展。此外，还需加强国际的技术合作、资源共享和经验交流，为全球可持续发展提供支持。

（四）需求性原则

需求性原则强调在可持续发展过程中，应满足人们对美好生活的需要，包括经济发展、社会进步、环境保护等多方面。这一原则要求国家关注人的全面发展，努力提高民众的生活水平和生活质量。实现需求性原则需要在经济发展中注重生态文明建设，提倡绿色、环保、低碳的生活、生产和消费方式，以确保资源的可持续利用和环境的有效保护。此外，还需关注社会发展，推动教育、医疗、文化等领域的均衡发展，使人们享有更高质量的生活。需求性原则还要求在可持续发展过程中，充分听取民众的意见和建议，尊重民众的需求，以确保可持续发展政策和措施的科学性和有效性。

三、可持续发展的要素

（一）人口因素与可持续发展

人口数量、分布、结构、政策等方面的变化都会影响资源利用、环境质量和社会发展。为实现可持续发展，针对人口因素，需要关注以下几个方面。

1. 人口控制与可持续发展

人口控制是可持续发展的重要前提。在全球范围内，过多的人口会导致资源过度开发、生态环境恶化和社会矛盾加剧。因此，适度控制人口增长，提高人口素质对于实现可持续发展至关重要。这需要国家政府采取相应的政策措施，如提高教育普及率、推广计划生育、提高妇女地位等。当然，过低的人口数量也会对可持续发展产生不利影响，如导致劳动力短缺、社会保障体系压力增大和创新能力下降等。因此，人口控制应该保持动态平衡，这样才有利于实现可持续发展。

2. 人口分布与可持续发展

合理的人口分布能够提高资源利用效率，减轻生态环境压力。当前，人口分布存在一定程度的不均衡问题，城市化进程加速导致城市人口过度集聚，农村人口大量外流。这种现象不仅加大了城市资源和环境承载压力，还导致农村土地荒废、人力资源浪费等问题。为实现可持续发展，政府需要采取一系列措施，以优化人口分布。

3. 人口结构与可持续发展

人口结构是衡量一个国家或地区可持续发展能力的重要指标。人口结构包括年龄结构、性别结构、教育结构等。合理的人口结构有利于经济增长、社会稳定和人口素质提升。政府应加大教育投入，提高人口整体素质，尤其是提高女性及其他弱势群体的受教育水平，以实现性别平等和人力资源的充分利用。与此同时，还应关注人口老龄化问题，完善养老保障体系，提升老年人口的生活质量和社会参与度。

4. 人口政策与可持续发展

科学的人口政策是实现可持续发展的关键。人口政策涉及人口增长控制、人口分布调整、人口结构优化等方面。政府应结合国家经济社会发展的实际情况，制定适应国情的人口政策。

首先，政府需要加强人口流动管理，引导人口向适宜的区域流动，防止过度城市化和农村人口过度外流。可以通过政策倾斜、产业发展等手段，推动区域经济均衡发展，为人口流动提供良好的条件。

其次，政府应关注人口老龄化问题，制定相关政策应对挑战。例如，完善养老保障体系、提高医疗卫生服务水平、推动老年人再就业等。

最后，政府应加大教育投入，提高人口素质，为经济社会发展提供有力的人力支持。例如，扩大教育覆盖面、提高教育质量、加强职业教育和培训等。

（二）环境因素与可持续发展

环境质量的改善对城市的可持续发展具有重要意义。为实现城市的可持续发展，针对环境因素，需要关注以下几个方面。

1. 环境污染与可持续发展

环境污染是可持续发展面临的一大挑战。环境污染主要包括大气污染、水污染、土壤污染等，这些污染问题对人类健康和生态系统稳定产生严重影响。为实现可持续发展，必须采取措施降低污染物排放量，改善环境质量。

（1）管理者应加大对大气污染治理的投入和监管力度。例如，通过限制高排放企业的生产，推广清洁能源等方式，提高工业生产过程中的能源利用效率；加强对交通运输部门的污染物排放控制，减少大气污染物的排放。

（2）管理者需加强对工业废水和生活污水的监管，建立完善的污水处理设施，加大对非法排污行为的惩罚力度。同时，推广水资源的循环利用和节水技术，减少污水产生。

（3）管理者应加强对土壤污染源的监控和管理，建立完善的土壤污染信息公开系统。同时，采用科学技术修复受污染土地，如微生物修复技术、化学修复技术等，恢复土地的生态功能。

2. 环境风险与可持续发展

环境风险是指因自然因素或人为活动导致的可能对环境造成严重破坏的风险。环境风险可能引发重大环境事故，对社会经济和生态安全造成严重影响。通过风险评估和风险预警，降低环境风险，实现可持续发展。

（1）建立健全环境风险评估体系是预防和应对环境风险的基础。政府应加强对重大工程项目、高污染企业等的环境风险评估，对可能对环境造成严重破坏的项目予以严格监管。同时，建立环境风险监测网络，实时掌握环境风险信息，为决策提供科学依据。

（2）加强环境风险预警是有效防范环境风险的关键。政府应建立环境风险预警机制，对可能发生的环境风险事件进行预警，提高应急处置能力。同时，通过宣传教育、培训等手段，提高公众对环境风险的认识，增强环境保护意识。

（3）健全环境风险应急处置体系是降低环境风险的有效手段。政府应建立环境应急处置队伍，加强应急资源储备，制订详细的应急预案，确保在环境事件发生时能够迅速、有效地进行处置，减小环境风险对社会经济和生态安全的影响。

（三）资源因素与可持续发展

资源的合理利用和有效保护对实现可持续发展具有重要意义。为实现可持续发展，针对资源因素，需要关注以下几个方面。

1. 资源利用与可持续发展

资源利用效率的提高是实现可持续发展的关键，为了确保资源的合理利用，可采取以下措施。

（1）推行资源循环利用。循环经济是一种基于资源高效利用和减少废弃物排放的新型经济模式。通过产品设计、生产方式、消费模式等方面的创新，可以提高资源的循环利用率，减少资源消耗。

（2）实施节能减排政策。节能减排主要是通过提高能源利用效率和减少污染物排放等方式，实现经济社会发展与环境保护的协调发展。政府应出台相应的法律法规和标准，引导企业采用低碳、绿色的生产技术和方式，实现清洁生产。

（3）发展绿色产业。绿色产业是指以环保、节能、循环经济为导向，以可持续发展为目标的新兴产业。政府应大力支持绿色产业的发展，通过出台产业政策、下发财政补贴、进行税收优惠等措施，引导资源向绿色产业领域转移。

2. 资源保护与可持续发展

资源保护是实现可持续发展的重要手段。为了确保资源的可持续利用，可采取以下措施。

（1）建立资源保护体系。政府应制定相应的法律法规，明确资源保护的基本原则和要求。同时，加强资源保护的监管和执法力度，确保资源保护政策得到有效执行。

（2）实施资源管控政策。政府应对资源开发、利用和消费进行管控，实行资源开发许可制度，对资源开发和利用行为进行严格审查。同时，出台资源消费限制政策，引导社会公众树立节约资源的消费观念。

（3）推广可持续发展教育。政府应加强可持续发展教育的普及力度，通过课程设置、活动宣传等方式，提高公众对资源保护和可持续发展的认识，培养公众节约资源、保护环境的意识。

3. 资源开发与可持续发展

合理开发资源，满足社会经济发展的需求，有助于实现可持续发展。为了实现资源的高效利用和可持续开发，可采取以下措施。

（1）通过科技创新提高资源开发效率。政府应加大科技创新投入，鼓励企业进行技术研发，提高资源开发质量和效率，实现资源利用的高效、环保、安全。

（2）调整产业结构以实现资源优化配置。政府应引导企业调整产业结构，优先发展低资源消耗、高附加值的产业，减少对资源的过度依赖。同时，加强对资源密集型产业的监管，防止资源过度开发，以保持资源的可持续利用。

（3）实现资源开发与生态保护的平衡。在资源开发过程中，开发者应充分考虑生态环境承载能力，在不破坏生态环境的前提下进行资源开发。在开发前，相关人员要加强对资源开发项目的环境影响评估，确保资源开发与生态保护相协调，实现可持续发展。

4. 资源政策与可持续发展

实施科学的资源政策，如资源税收、资源配置、资源补偿等，以实现资源的可持续发展。

（1）资源税收政策。政府通过对开发利用资源的企业征收税费的方式，调整资源价格，引导企业对资源的合理配置和消费。资源税收政策应体现环境保护和资源保护原则，鼓励企业清洁生产和低碳发展。

（2）资源配置政策。政府应通过资源权益分配、资源开发许可、资源使用权交易等方式，实现资源配置的优化。资源配置政策应确保资源在不同产业、地区和部门之间的合理分配，促进资源的高效利用。

（3）资源补偿政策。政府应建立资源损害赔偿制度，对因资源开发和利用造成的生态环境损害，采取补偿和修复措施。资源补偿政策旨在维护资源所有者和受害者的权益，确保资源开发与生态保护的平衡。

（四）科技因素与可持续发展

科技创新和技术进步对实现可持续发展具有重要作用。为实现可持续发展，针对科技因素，需要关注以下几个方面。

1. 科技创新与可持续发展

科技创新是推动城市实现可持续发展的一把利剑，管理者通过发展绿色技术、清洁生产技术等，推动资源利用效率的提高和环境质量的改善。例如，发展可再生能源技术，如太阳能、风能、生物质能等，可以减少对化石燃料的依赖，降低温室气体排放量，缓解全球气候变化；发展循环经济技术，如废弃物资源化利用技术、工业废水再生利用技术等，可以减少资源消耗，减轻环境污染。科技创新还能通过数字化和信息技术手段，提高对资源、环境和人口的实时监测和精准管理。比如，物联网、大数据、人工智能等技术的应用，可以提高资源利用效率，降低能源消耗，减少环境污染。

2. 科技政策与可持续发展

实施科学的科技政策，如科技投入、知识产权保护、技术转移等，有助于城市实现可持续发展。政府应加大对科技创新的支持力度，设立绿色技术研发基金，鼓励企业和研究机构投入绿色技术研发，以期推动清洁生产和低碳发展。在此基础上，政府需要加强知识产权法律法规建设，保护创新者的知识产权，鼓励企业、科研机构和个人投入创新活动。

此外，政府还应推动先进技术在国内外的传播和应用，通过技术合作、技术引进等途径，将先进的绿色技术推广至发展中国家，提高全球范围内的可持续发展水平。

第二节 城市生态学

一、城市生态学的形成与发展

城市生态学研究开始于 20 世纪 30 年代芝加哥学派的城市社会学研究。早在 1915 年，苏格兰生物学家帕特里克·格迪斯（Patrick Geddes）在《进化中的城市——城市规划与城市研究导论》中已经将环境、卫生、居住、市政工程、城市规划等问题整合在一起，并应用了生态学的原理和方法，为人类城市生态学研究奠定了基础。然而，直到 20 世纪 70 年代之后，城市生态学才从生态学和城市问题研究中独立出来，成为一门独立的学科。

自 20 世纪 80 年代初城市生态学传入中国以来，各城市学科专家纷纷关注这一领域。1986 年 6 月，第二届全国城市生态科学研讨会在天津举行，重点讨论了城市生态学理论及其在城市规划、管理和建设中的具体应用问题。1987 年 10 月，北京举办了"城市与生态研究及在城市规划和发展中的应用"国际学术讨论会，推动城市生态学理论研究迈向新高峰。1997 年 12 月，全国第三届城市生态学术讨论会在深圳召开，同年在香港还举行了"城镇可持续发展的生态学"专题讨论会。

目前，环境科学、计算机科学以及耗散论、突变论、协同论等理论逐渐融入城市生态学研究中。随着理论研究的不断深入，城市生态学将逐步发展成为一个新的理论学科。

二、城市生态学的基本原理

城市生态学的基本原理包含生态整合原理、趋适开拓原理、协调共生原理、生态位原理、多样性与稳定性原理、食物链（网）原理、生态承载力原理、区域分异原理和生态平衡原理，这九大原理支撑着城市生态学的发展，对于城市生态规划与管理具有重要指导意义。

（一）生态整合原理

生态整合原理是一种关注城市生态系统多层面结构和功能的综合性理论框架。它强调了自然生态因素、技术物理因素和社会文化因素之间的相互作用和协同发展。具体而言，生态整合原理主要包括以下几个方面。

1. 结构整合

结构整合关注生态系统中各种自然生态因素、技术物理因素和社会文化因素的等级性、异质性和多样性。这意味着在生态系统的构建和管理中，需要平衡各种生态要素的关系，实现多元化和协同发展。

2. 过程整合

过程整合强调物质代谢、能量转换、信息反馈、生态演替以及社会经济过程的畅达和健康程度。这要求城市规划者和管理者要关注生态系统内部的各种生态过程，确保它们正常运行，以维持生态系统的稳定性和可持续性。

3. 功能整合

功能整合侧重于生产、流通、消费、还原和调控功能的效率及和谐程度。城市通过优化资源配置和生态服务功能，可以提高生态系统的生产力和适应性，从而促进城市社会和自然生态的共生发展。

4. 方法整合

方法整合包括从技术、体制、行为三个层次上进行生态系统的综合评价、规划、设计、建设、管理和调控。这要求城市规划者和管理者建立多学科、多领域的交叉融合平台，发挥各类技术和方法的优势，形成系统性的解决方案，实现生态系统的可持续发展。

（二）趋适开拓原理

趋适开拓原理是城市生态学的基本原理之一，它强调根据环境容量、自然资源承载能力和生态适宜度，积极创造新的生态工程，改善区域或城市生态环境质量，寻求最佳的区域或城市生态位，并不断开拓和占领空余生态位，以充分发挥生态系统的潜力，促进生态建设。具体而言，趋适开拓原理主要包括以下几个方面。

1. 环境容量和自然资源承载能力

环境容量是指在不影响人类生态和自然生态的前提下，某一环境能够容纳的污染物的最大负荷值，而自然资源承载能力是指一个地区的自然资源能够支撑的人口数量和社会经济活动的规模。趋适开拓原理要求城市规划者和管理者在城市发展中充分考虑该城市的环境容量和自然资源承载能力，确保生态环境和自然资源的可持续利用。

2. 生态适宜度

生态适宜度是指一个地区的自然条件、地形、气候等因素对于生态系统的合适程度。趋适开拓原理强调城市规划者和管理者在城市规划和管理中，要根据生态适宜度选择合适的区域进行开发，保护生态敏感区域，以维持生态系统的稳定和健康。

3. 生态工程创新

趋适开拓原理倡导在城市生态建设中，积极探索和创新生态工程技术，以提升生态系统的服务功能和适应性。这包括生态恢复、生态防护、生态补偿等多种生态工程方法，通过上述方法，实现生态系统的可持续发展。

4. 生态位优化

趋适开拓原理关注城市生态位的优化，旨在使城市生态系统在各个层次上获得最佳效益。为实现生态位优化，需要合理配置资源、优化空间布局以及划分功能区。在城市规划中，规划者要兼顾生态保护与城市建设，依据生态适宜度进行合理布局，确保城市生态系统健康稳定地发展。

5. 开拓和占领空余生态位

趋适开拓原理强调在城市发展过程中，积极寻找和开发空余生态位，以提高生态系统的利用率和容纳度，充分发挥生态系统的服务功能。为实现此目标，规划者需要识别空余生态位、采用生态工程技术进行生态位改造，并将空余生态位纳入城市发展规划。

6. 强化人为调控能力

趋适开拓原理强调在城市生态建设中，不仅关注自然生态过程，还要强化人为调控未来生态变化趋势的能力。主要表现为通过政策、法律、经济和技术手段，应对生态环境变化带来的，挑战实现对城市生态系统的有效管理和保护。

（三）协调共生原理

协调共生原理是城市生态学的核心原理之一，主张在生态规划中维护区域与城市、部门与子系统各层次、各要素以及周围环境之间的协调、有序和动态平衡。具体而言，协调共生原理主要包括以下几个方面。

1. 系统协调

城市生态系统是一个多元、多介质、多层次的人工复合生态系统，各子系统和生态要素之间相互影响、相互制约。在城市生态规划中，规划者要保持上述各要素之间的协调、有序和动态平衡，确保系统的稳定性。

2. 规划协调

协调共生原理强调要保持生态规划与总体规划的协调一致，这意味着生态规划应与城市规划、经济规划、社会规划等相互融合，推动城市朝着可持续化的方向发展。

3. 产业结构调整

共生原理强调正确利用不同产业和部门之间的互惠互利、合作共存关系，通过产业结构调整，优化资源配置等方式，实现绿色低碳发展，提高资源利用效率，减少环境污染。

（四）生态位原理

城市生态位指一个城市在时间和空间的特定位置及其与环境之间的功能关系。具体而言，生态位原理主要包括以下几个方面。

1. 生产生态位

生产生态位关注城市的经济水平（物质、信息生产及流通水平）和资源丰富度（如水、能源、原材料、资金、智力、土地、基础设施等）。一个城市的生产生态位体现了其经济发展水平、产业结构和竞争力。为了优化生产生态位，规划者需要重视产业发展战略，引导产业向绿色、高效、可持续的方向发展。同时，规划者还需要积极引进创新资源，提高资源利用效率，减少能源消耗和环境污染，促进绿色经济的发展。

2. 生活生态位

生活生态位关注社会环境（物质、精神及社会服务水平等）和自然环境（物理环境质量、生物多样性、景观适宜度等）。优化生活生态位意味着要改善城市居民的生活质量，提高人居环境的舒适度。为此，应加强城市公共设施建设，提高教育、医疗、文化等社会服务水平。此外，还应关注城市生态环境保护，环境污染治理，保护生物多样性，营造美丽宜居的城市环境。

3. 工作生态位

工作生态位关注城市为市民提供的工作机会、工作环境及工作品质。优化工作生态位意味着要为城市居民提供充足的就业机会，提高居民劳动生产率，改善居民劳动条件。为了实现这一目标，规划者应关注劳动力市场的发展，完善人力资源政策，提高劳动者的技能和素质。规划者还应推进产业升级，发展高附加值、高技术含量的产业，为市民提供更优质的工作岗位。

（五）多样性与稳定性原理

多样性与稳定性原理在城市生态学中十分重要。这一原理认为，生态系统的结构越多样、越复杂，其抗干扰的能力越强，因而越容易保持生态系统的动态平衡。生物群落与环境之间保持动态平衡的能力，与生态系统物种及结构的多样性、复杂性呈正相关。这一原理同样适用于城市生态系统。在城市中，土地资源的多样性能保证各类活动的有效展开以及项目与产业的空间合理布局；人力资源的多样性将保证城市各项事业发展的人才需求；行业和产业结构的多样性有助于城市经济的稳定性和城市整体经济效益的提高；城市功能与交通方式的多样性则使城市具有更大的吸引力与辐射力。

（六）食物链（网）原理

食物链指的是生物之间以能量和营养物质的形式相互联系的链条，而食物网则是生物群落中许多食物链相互交错连接而成的复杂网络。食物链（网）原理强调了人类作为食物链顶端的生物，依赖于其他生产者的供养以维持生存。同时，人类对环境的污染会通过食物链的作用，即污染物的富集作用，最终影响人类自身。

将食物链（网）原理应用于城市系统中，可以揭示各企业之间在生产资料提供方面的相互关系。一个企业的产品可能是另一个企业生产的原料，某些企业生产过程中的废弃物也可能成为其他企业的原料。这反映了城市各个子系统之间，尤其是产业链环节之间的相互依赖和制约关系。根据食物链（网）原理，规划者可以采取对城市食物网进行"加链"（加链指的是增加新的生产环节，将无法直接利用的物质和资源转化为价值较高的产品）和"减链"（减链指的是控制或消除那些影响食物网传递效益、利润低且污染重的链环）的措施，以控制和减轻环境污染，提高产业经济效益。

（七）生态承载力原理

生态承载力指在不发生对人类生存发展有害变化的前提下，生态系统可持续承载的人类生产生活活动强度和社会总量的能力。生态承载力具体体现在规模、强度和速度上。具体而言，生态承载力包括资源生态承载力、技术生态承载力和污染承载力三个方面。

1. 资源生态承载力

本节所指的资源包括自然资源（如淡水、土地、矿藏、生物等）和社会资源（如劳动力、交通工具与道路系统、市场因子、经济发展实力等）。资源生态承载力可以分为现实资源生态承载力和潜在资源生态承载力两种类型，现实资源承载力是指在现有技术条件下，某一区域范围内的资源承载能力，潜在资源承载力是指随着技术进步、资源利用程度提高或外部条件改善而提高的本区域的资源生态承载力。

2. 技术生态承载力

技术生态承载力反映劳动力素质、文化程度与技术水平所能承受的人类社会活动强度的能力。技术生态承载力同样包括现实与潜在两种类型。现实的技术生态承载力指的是在现有技术水平下所能承受的人类社会活动强度，潜在的技术生态承载力则是随着技术创新和技能提升，生态系统承载能力可能得到提高的潜力。技术生态承载力的提升可以通过以下途径实现：提高资源利用效率、减少资源浪费和污染排放、推广环保技术、提高劳动力素质和文化程度、提升城市规划和管理水平等。

3. 污染承载力

污染承载力是指生态系统对环境污染的自净能力强弱的能力。这一概念反映了生态系统在受到污染压力时，能够通过物理、化学和生物过程对污染物进行降解、稀释和转化，从而使环境恢复到正常水平的能力。污染承载力受到多种因素影响，如气候条件、地形地貌、生物多样性、生态系统结构和功能等。当人类活动产生的污染物超过生态系统的污染承载力时，可能会导致环境质量恶化、生态系统功能丧失、生物多样性减少等负面后果。为保持生态系统的稳定和可持续发展，应采取一系列措施提高污染承载力，包括减少污染物排放、采用环保技术、加强环境监测和管理、恢复和保护生态系统、推广环境教育和加强公众参与等。

（八）区域分异原理

区域分异原理是城市生态研究的一个基本原理，区域分异原理强调研究城市生态问题时要充分考虑不同区域或城市的生态要素、功能现状、问题及发展趋势等的差异性。该原理要求在制定城市规划和政策时，要综合考虑区域规划、城市总体规划的要求以及城市现状和布局，以便搞好生态功能分区，实现社会、经济和环境效益的统一。遵循区域分异原理的城市生态研究可以帮助人们更好地理解城市生态系统的复杂性和多样性，并为城市发展提供有针对性的策略。通过对不同区域的生态要素和功能进行深入研究，可以找到各区域在环境保护、资源利用、经济发展和居民生活等方面的优势和不足，有助于制定出更具针对性和可行性的政策措施，以实现城市的可持续发展。区域分异原理还强调利用生态功能分区来实现社会、经济和环境效益的统一。生态功能分区是根据不同区域的生态特征和功能，将城市划分为不同的功能区，以便更加合理地利用和保护生态资源。这种分区可以使资源得到充分利用，同时保护环境，提高城市的整体发展水平。

（九）生态平衡原理

生态平衡原理是指一个生态系统能够长期保持其结构和功能的相对稳定性，如组成成分和数量比例长时间没有明显的变动，物质和能量的输入和输出接近相等的状态。生态平衡的调节主要通过系统的抵抗力、恢复力、自治力以及内稳态机制来实现。

1.抵抗力。指生态系统抵抗外部干扰维持系统结构功能原状的能力。生态系统通常能够抵御一定程度的外部干扰，如污染、自然灾害等，使得系统的结构和功能能够保持相对稳定。

2.恢复力。指生态系统遭受外部干扰后，系统恢复原状的能力。生态系统在受到外部干扰后，具有一定的自我修复能力，能够在一定时间内恢复原有的状态。

3.自治力。指生态系统对于内部发生的各种现象的自我控制能力。生态系统内部的自我调节机制可以使其在一定程度上确保系统的平衡和稳定。

4.内稳态机制。指内部组织和结构的一种调节功能，即调节能量流动和物质循环的能力以及调节生态系统中各种成分之间营养关系的能力。

在城市生态规划与管理建设中，城市规划者和管理者应遵循生态平衡原理，关注水、土地、大气、人口容量、经济、园林绿地系统等生态要素的子规划，合理安排产业结构和布局，努力建设一个稳定的人工复合生态系统，维护城市生态系统的平衡。

第三节　现代城市管理学

一、现代城市管理的管理学原理

现代城市管理过程中运用到的管理学原理主要包括系统原理、反馈原理、动力原理、人本原理、责任原理、效益原理。

（一）系统原理

现代城市管理的系统原理是指将城市视为一个整体的、复杂的、动态的系统，包括多个相互关联的子系统，如交通、环境、社会、经济等。这一原理要求城市管理者站在全局的高度，综合考虑各个子系统之间的相互影响和协调发展关系。系统原理的核心在于整体观念，强调城市各个部分的关联性、协同性和互补性。具体而言，系统原理在现代城市管理中的应用主要体现在以下几个方面。

1. 子系统的识别与划分

识别和划分子系统有助于提高城市管理的针对性和有效性，所以管理者需要识别各个子系统的界限，明确各子系统的职能、目标和相互联系。

2. 子系统间的相互作用

管理者需要关注不同子系统间的相互作用关系，以便合理分配资源、协调冲突、优化政策。通过研究子系统间的相互作用关系，管理者可以更好地解决城市问题，提高城市运行效率。

3. 系统性思维

系统性思维有助于避免片面、短视的决策，确保城市各个子系统协同发展。管理者应具备系统性思维，即在制定和执行政策时考虑各个子系统的需求和发展，以实现城市整体的可持续发展。

4. 系统优化与创新

系统优化与创新是现代城市管理的重要途径，有助于提高城市竞争力和生活质量。管理者应努力优化城市系统，通过创新管理手段、技术和方法，提高城市管理水平。

（二）反馈原理

反馈原理是现代城市管理中的一个重要原理，指的是通过对城市管理过程中产生的信息和结果进行监测、分析、评估，以调整管理策略、措施和方向。反馈原理有助于及时发现问题、改进管理方式和提高城市管理效果。具体而言，反馈原理在现代城市管理中的应用主要体现在以下几个方面。

1.信息收集与监测

管理者需要建立健全信息收集与监测体系，实时获取城市各个子系统的运行情况，发现运行过程中存在的问题。通过对信息的收集与监测，管理者能够更好地了解城市的实际状况，为决策提供依据。

2.信息分析与评估

管理者需要对收集到的信息进行分析与评估，以了解城市管理措施的有效性和存在的不足。通过对信息的分析与评估，管理者可以调整、改进管理策略和措施，提高城市管理效果。

3.闭环管理

反馈原理强调城市管理应实现闭环管理，即在管理过程中不断地对信息进行收集、分析、评估和调整，以形成一个动态、自适应的管理体系。闭环管理有助于提高城市管理的灵活性和适应性，更好地应对不断变化的城市环境。

4.持续改进

管理者应根据反馈信息持续改进管理措施和方法，以提高城市管理的有效性和效率。持续改进是现代城市管理的核心理念，有助于实现城市的可持续发展。

（三）动力原理

动力原理强调激励和驱动力在城市管理中的关键作用，即通过制定合理的激励机制和政策，调动各方面积极性，推动城市管理的持续改进和发展。具体而言，动力原理在现代城市管理中的应用主要体现在以下几个方面。

1. 制度激励

管理者需要建立健全的制度激励机制，包括政策法规、奖励制度、考核评价制度等，以引导和激发企业、个人、政府部门等各方的积极性和创造力。通过制度激励，促进城市管理措施的有效实施，提高城市管理的质量和效果。

2. 资源配置

动力原理强调合理配置资源，确保城市管理过程中资源的充分利用。这包括人力资源、物质资源、财政资源等方面的合理配置和使用。有效的资源配置可以为城市管理提供有力的支持，促进城市各项工作的顺利推进。

3. 人才培养与引进

管理者需要高素质的专业化人才队伍。动力原理强调通过人才培养、引进和使用等途径，不断壮大城市管理人才队伍，提高城市管理的专业水平。此外，还需为人才提供良好的工作环境和发展空间，激发其创新精神和工作热情。

4. 技术创新

动力原理强调技术创新在现代城市管理中的关键作用。管理者需要不断引进和应用先进的技术手段，如大数据、人工智能、物联网等，提高城市管理的科学性和智能化水平。

（四）人本原理

人本原理强调把人的需求、利益和价值观放在城市管理的核心位置，关注人的全面发展，实现人与环境的和谐共生。现代城市管理中，人本原理的应用主要体现在以下几个方面。

1. 以人为本的城市规划

城市规划和管理应以满足人的需求为出发点和落脚点，充分考虑居民的居住、工作、教育、休闲等方面的需求，创造宜居、宜业、宜学、宜游的城市环境。在城市规划中，要注重人性化设计，提高城市空间的可达性和可利用性，为居民提供舒适便捷的生活环境。

2. 公共服务均等化

现代城市管理应确保公共服务资源的公平分配，缩小城乡、区域之间的发展差距。例如，合理分配教育、医疗、社保等方面的公共服务资源，为居民提供均等化、便利化的服务，满足人们多样化的需求。

3. 社会保障体系完善

人本原理强调建立健全社会保障体系，保障居民的基本生活。现代城市管理要关注弱势群体的生活状况，提高社会保障水平，确保每个人都能享有基本的生活保障。

4. 充分发挥民间力量

管理者应充分发挥民间力量的作用，鼓励居民参与城市管理和社区建设，形成政府、企业、社会组织和个人共同参与的城市管理新格局。通过民间力量的参与，可以提高城市管理的效果和居民满意度，实现城市管理的民主化、科学化。

5. 促进文化传承与创新

人本原理强调城市管理要注重文化传承，尊重和保护城市的历史文化，提高城市文化品质。与此同时，管理者还要鼓励文化创新，打造具有特色和吸引力的城市文化，满足居民多样化的精神文化需求。

（五）责任原理

责任原理要求管理者明确职责、勇于担当，对城市管理的各项工作负责。具体而言，责任原理在现代城市管理中的应用主要体现在以下几个方面。

1. 明确职责划分

现代城市管理需要在政府、企业、社会组织和个人之间明确职责划分，确保各方在城市管理过程中各司其职，相互配合。例如，政府部门负责制定城市规划、政策和法规，企业和社会组织则负责实施相关项目，而个人需要遵守法规并参与到城市管理中来。通过这种方式，各方可以协同工作，确保城市管理工作的有效推进。

2. 建立问责制度

现代城市管理应建立健全问责制度，对管理不力、失职渎职的城市管理者进行问责。例如，建立定期检查和审计机制，确保城市管理者按照规定执行工作，一旦发现问题，及时进行整改。对于失职渎职的城市管理者，可以采取行政处罚、诫勉谈话等手段，以提高管理者的责任感。

3. 强化绩效评估

现代城市管理要强化绩效评估，对城市管理的各项工作进行定期评估，以绩效评估结果作为管理者的工作考核依据。例如，通过设定明确的工作指标，对管理者的工作成果进行量化评价。同时，将绩效评估结果与工资、奖励等挂钩，以激励城市管理者更加努力工作。

4. 建立责任追究机制

现代城市管理应建立责任追究机制，对城市管理中出现的重大问题、事故进行责任追究，确保管理者对其行为承担相应责任。例如，对于城市管理中出现的重大安全事故，可以追究相关管理者的责任，对其进行严肃处理，以此提醒城市管理者重视企业安全生产问题，避免类似事故的再次发生。

5. 培养责任意识

现代城市管理要注重培养城市管理者的责任意识，通过培训、教育等途径，使城市管理者深刻认识到自己的职责和使命。例如，定期开展培训活动，邀请专业人士讲解城市管理的理论知识和实践经验，帮助城市管理者提升自己的管理水平。同时，通过案例分析、经验交流等方式，使城市管理者深刻认识到自己在城市管理中的重要作用，从而增强责任意识。

（六）效益原理

效益原理强调城市管理过程中要充分考虑资源的合理配置和利用，追求经济、社会和环境效益最大化。现代城市管理中，效益原理的应用主要体现在以下几个方面。

1. 资源配置优化

现代城市管理要重视资源配置优化，确保有限的资源在城市建设、公共服务、环境保护等领域得到有效的利用。合理的资源配置有助于提高城市管理的经济效益，实现资源的可持续利用。例如，政府可以在关键基础设施建设和民生服务领域优先投入资源，提高城市的综合承载能力和居民生活水平，从而实现资源利用效益的最大化。

2. 成本效益分析

现代城市管理需要在决策过程中充分运用成本效益分析方法，评估各种政策和措施的经济效益和社会效益。通过分析成本效益，管理者可以避免盲目决策，确保城市管理工作具有较高的投入产出比。例如，在制定城市发展规划时，对不同方案进行全面的成本效益分析，选择最具有经济和社会效益的方案，从而提高管理者的决策水平。

3. 强化环境效益

现代城市管理要强化环境效益，关注生态保护和环境治理，实现城市的绿色发展。环境效益的提高有助于提升城市的整体品质，提高居民的生活水平。例如，通过加大对环境污染治理的投入，强化政府对企业环保责任的监管，推广绿色建筑和清洁能源等措施，降低城市的污染负荷，保障居民的生态环境权益。

4. 社会效益最大化

现代城市管理追求社会效益最大化，管理者应关注民生改善、社会公平和文化发展等方面。强化社会效益有助于提高城市管理的公众满意度，促进城市的和谐发展。例如，通过加大对教育、医疗、住房等民生领域的投入，缩小城乡差距，促进社会公平；同时，支持文化产业发展，丰富城市居民的精神文化生活，提升城市的文化品质和吸引力。

5. 综合评价体系

现代城市管理要建立综合评价体系，对城市管理的经济、社会、环境等多方面效益进行全面评估。综合评价体系有助于管理者全面掌握城市管理的效益状况，为决策提供科学依据。例如，构建包括经济增长、社会进步、环境改善等多个维度的评价指标体系，定期对城市管理成果进行评估等，提高决策的科学性。

二、现代城市管理的理论体系

现代城市管理的理论体系主要包括城市营销理论、城市竞争理论和数字城市理论。

（一）城市营销理论

城市营销理论是一种将现代市场营销理念应用于城市管理的理论。它主张将城市视为一个企业，将城市的各种资源视为产品，以现代市场营销手段，向目标受众进行宣传。现代城市管理中，城市营销理论的应用主要体现在以下几个方面。

1. 城市品牌建设

城市品牌是建设城市营销理论的核心，它包括城市的文化、历史、地理位置、自然环境等多种要素。城市品牌建设需要通过有针对性的策划和推广，塑造独特的城市形象。城市品牌建设需要长期地、持续地努力，包括坚持城市文化的传承与创新、努力塑造城市形象与提升等方面。

2. 城市资源整合

城市资源包括自然资源、人力资源、文化资源、科技资源等。城市营销理论强调通过对城市资源的整合，提高资源利用效率，促进城市发展。整合城市资源的方法包括充分发挥市场机制作用、优化产业结构、提升产业附加值等。

3. 城市营销策略

城市营销策略是城市营销的重要组成部分，包括产品策略、价格策略、渠道策略和促销策略等。产品策略是根据目标市场的需求，优化城市的产品结构，提升城市的吸引力。价格策略是根据市场供求关系，合理制定城市产品的价格水平。渠道策略是通过不同的传播途径，将城市信息传递给目标受众。促销策略是通过各种手段，刺激目标市场的需求，提高城市产品的销售量。

（二）城市竞争理论

城市竞争理论是研究城市竞争力及其提升策略的一种理论。城市竞争理论强调将提升城市竞争力作为城市管理的首要任务，在分析内部因素与外部环境的基础上，通过提供自然、经济、文化和制度环境，集聚和整合各种促进经济和社会发展的要素，来实现城市竞争力的提升。具体而言，城市竞争理论在现代城市管理中的应用主要体现在以下几个方面。

1. 分析城市竞争力要素

城市竞争力要素包括城市地理位置、基础设施、人力资源、科技创新能力、产业结构、市场规模、政府管理水平等多个方面。这些要素相互影响，共同决定了一个城市的竞争力水平。分析城市竞争力要素有助于了解城市优势和劣势，根据城市实际情况制定有针对性的提升策略。

2. 探索城市竞争力提升策略

城市竞争力提升策略主要包括优化产业结构、提高科技创新能力、加强人才培养、改善基础设施、提升政府管理水平等方面。优化产业结构有助于提高城市产业附加值，提高经济效益；提高科技创新能力有助于提高城市的竞争力，吸引优质企业和人才；加强人才培养有助于提升城市的核心竞争力；改善基础设施有助于提高城市的吸引力和居民生活水平；提升政府管理水平有助于优化城市的营商环境，推动城市发展。

3. 评价城市竞争力

衡量一个城市竞争力水平的重要方法就是对其竞争力进行评价，评价者可采用的方法有指标体系法、层次分析法等。通过评价城市竞争力，可以了解城市在各个方面的表现，为提升城市竞争力提供依据。城市竞争力评价体系应包括经济、社会、文化、环境等多个方面的指标，以全面反映城市竞争力状况。

（三）数字城市理论

数字城市理论主张利用计算机技术、多媒体技术、大规模存储技术等现代信息技术手段，对城市进行数字化虚拟实现，从而提高城市管理的效率和效果。具体而言，数字城市理论在现代城市管理中的应用主要体现在以下几个方面。

1. 智能交通管理

数字城市理论可以应用于智能交通管理过程，通过建立交通信息系统，实时收集、分析和传播道路交通状况，提高道路运输效率，以缓解城市交通拥堵。例如，利用大数据分析技术预测交通流量，实时调整信号灯配时，提供公共交通出行建议等。

2. 环境监测与治理

数字城市理论可以应用于环境监测与治理，通过部署智能传感器，实时监测城市的空气质量、噪音、水质等环境状况，为环境保护决策提供依据。例如，针对空气污染问题，通过数据分析找出污染源，制定针对性的治理措施。

3. 公共安全与应急管理

数字城市理论可以应用于公共安全与应急管理，利用现代信息技术手段，提高城市安全防范能力，提升城市突发事件应急处置效率。例如，建立智能视频监控系统，实时监测城市安全状况，快速响应各类突发事件；利用地理信息系统，制订应急预案，为灾害救援提供有效支持。

4. 智能城市服务

数字城市理论可以应用于智能城市服务，通过互联网和移动终端，实现政务服务、公共服务、商业服务等方面的智能化。例如，搭建政务服务平台，实现网上办事，便捷化政务流程；通过移动应用软件，提供各类生活服务信息，提高居民生活品质。

综上所述，城市营销理论强调将城市视为一个企业，进行品牌建设和资源整合，以提高城市吸引力；城市竞争理论关注城市竞争力的提升，通过优化产业结构、提高科技创新能力等策略，实现城市的可持续发展；数字城市理论倡导利用现代信息技术手段，对城市进行数字化虚拟实现，提高城市管理效率。城市营销理论、城市竞争理论、数学城市理论三个理论相辅相成，共同为现代城市管理提供理论指导。

第四节　景观生态学

一、景观生态学的形成与发展

景观生态学这一概念最早由德国地理学家卡尔·特罗尔（Carl Troll）在 1939 年的文章《航空像片判图和生态学的土地研究》中提出。他在东非进行土地利用空间研究时，借助航空照片得出了这一概念。当时，卡尔·特罗尔发现地理景观学和生态学存在各自的局限性和彼此的互补性，他认为将两者结合起来可以更有效地解决大尺度地域区域中生物群落与环境之间的错综复杂关系。他强调，景观生态学并非一门新的科学或分支，而是一种综合性研究思想。

尽管景观生态学的概念早在20世纪30年代就已提出，但其研究直至20世纪80年代才真正兴起。在这期间，景观生态学的研究主要局限于中欧等地区，因此发展较为缓慢。20世纪80年代，景观生态学研究逐渐在全球范围内受到关注，国际景观生态学协会应运而生，为景观生态学研究提供了专业组织和国际交流的平台。20世纪90年代起，景观生态学研究步入了快速发展阶段，研究范围和学术专著数量均有显著增长。

今天，随着遥感技术、地理信息系统（GIS）技术等的迅猛发展和广泛应用，以及学科交叉与融合趋势的日渐明显，景观生态学在各个领域的宏观研究中得到了认可和发展。

二、景观生态学的基本原理

景观生态学是将生态学研究垂直结构的纵向方法与地理学研究水平结构的横向方法结合起来，研究景观的结构、功能、格局、过程与尺度之间的关系、景观变化及人类与景观关系的连接自然科学和相关人类科学的交叉学科。景观生态学强调异质性，重视尺度性，关注格局与过程的相关性，倡导人与景观的和谐性。景观生态学对于城市生态规划具有一定的指导意义，而理解了景观生态学基本的原理，才能真正理解什么是景观生态学，也才能更有效地在城市生态规划中运用景观生态学。具体而言，景观生态学主要包括五个基本原理：景观结构与功能互动原理、生态流的聚集与扩散原理、尺度效应与等级理论、空间异质性与景观过程原理、景观变化与稳定性原理。

（一）景观结构与功能互动原理

景观结构与功能互动原理是指景观结构与景观功能之间相互影响、

相辅相成的关系原理。景观结构是由生态客体在景观中的异质分布形成的，而生态客体的运动会导致景观结构的变化。在景观结构形成的过程中，景观呈现出一种自组织的特性，最终形成一种稳定的耗散结构，其自然趋势是最小熵增过程。景观结构形成之后，构成景观的要素（如大小、数目、形状和类型等）会对生态客体的运动特征产生影响，从而影响景观的功能。这表明，景观结构与景观功能之间存在相互影响的关系。要实现特定的景观功能，需要有相应的景观结构作为支撑；同时，景观结构的形成也会受到景观功能的影响。景观结构与功能互动原理揭示了两者的相互作用关系。

在城市景观管理中，应用景观结构与功能互动原理对景观结构进行调整，可以改变或促进景观的功能。这意味着，通过对景观结构的优化和调整，可以实现更好的生态服务、生物多样性保护和人类福祉提升等目标。总之，理解并运用景观结构与功能互动原理，对于实现可持续的城市景观管理具有重要意义。

（二）生态流的聚集与扩散原理

生态流的聚集与扩散原理关注物质、能量、生物有机体和信息在景观要素间的流动，这些流动被称为生态流。生态流在景观中的发生机制各异，但通常会有多种流动同时发生。受到景观格局的影响，生态流表现为聚集与扩散的过程，这种过程跨越了不同的生态系统。

景观中的生态流导致了营养物质、通量等在景观中的再分配，进而改变景观结构。同时，景观结构也会影响生态流的发生、流向和流速。此外，景观中的干扰（如病虫害、火灾等）也会影响生态流的产生，破坏生态系统内部矿质养分的保持或调节机制，促使养分向相邻或其他生态系统转移。通常，干扰越强烈，景观中矿质养分再分配的速度越快。

生态流是维持景观生物多样性的重要机制之一。物种在景观中分离嵌块体的生存过程与种群在景观中的扩散与运动密切相关。景观中的廊道在生态流中发挥着重要作用，包括提供生物栖息地、提供物种迁移通道、发挥过滤或屏障作用以及影响周围基质的生物源与环境等。此外，廊道还能作为屏障与过滤器，阻碍部分物种穿越，或者在物种空间分布上起到过渡作用。

生态流与基质之间的关系也十分重要。风尘、热量、风传种子等可以在基质上空以相对均匀的层流形式运动，而某些动物、害虫却可以几乎无间隔地蔓延至某个特定类型的景观要素中。基于这一认识，在火灾易发区，建立防火屏障降低基质的连接度是十分必要的。与此同时，为了保护不能穿过廊道的物质，需要增大基质的连接度。

总之，生态流的聚集与扩散原理关注生态流在景观中的表现形式及其对景观结构和功能的影响。在城市景观规划中，充分理解和运用这一原理有助于实现城市生态环境的可持续发展。例如，在城市景观规划中，保留必要的绿色廊道以确保物流的畅通，并在城市景观中创建零星的绿地系统以维持城市生物多样性；合理利用廊道的屏障与过滤功能有效控制病虫害、火灾等干扰的传播。

（三）尺度效应与等级理论

1. 尺度效应

尺度效应是指在不同的空间和时间尺度上，生态过程和生态现象呈现出不同的特征和规律。尺度效应强调了在研究生态现象和生态过程时，合适的尺度选择对于准确反映现实情况的重要性。在景观生态学中，尺度效应对于理解和研究景观生态过程具有关键作用。

在生态学中，尺度可以分为空间尺度、时间尺度和组织尺度。空间尺度指的是所研究的生态系统的面积大小或最小信息单元的空间分辨率水平；时间尺度表示生态系统动态变化的时间间隔；组织尺度则是生态学组织中最小可辨识单元所代表的特征长度、面积或体积。

景观中的尺度反映了景观生态过程的时空特征变化，景观中的生态过程具有一系列的特征尺度，其生态效应表现出尺度依赖性。这意味着在不同的尺度上，生态过程可能呈现出不同的特征和规律。特征尺度可以通过分析景观的组织结构特征来检出。研究景观的特征尺度是研究景观生态过程的重要内容之一，把有关生态过程或现象放到特定的时空尺度进行研究，是景观生态学的重要特色。

尺度选择的不同会导致研究者对生态格局和过程及其相互作用规律的认识的不同。理论上应选择可以将人类、生物、非生物等关联起来的最佳尺度，但尺度的选择往往受到技术、认知能力等方面的限制。在研究景观格局时，尺度的选择会影响误差的大小。通常情况下，所选择的尺度应该是研究的空间范围的 1/5 到 1/2，而在应用聚集、形状、优势度等景观结构指标时，所选择的尺度应比斑块大 2 ～ 5 倍。

2. 等级理论

等级理论是一种关于复杂系统结构、功能和动态的系统理论，它基于一般系统论、非平衡态热力学、信息论以及现代哲学相关理论发展而来。等级理论认为复杂系统具有离散性等级层次，这使得复杂系统的研究得以简化。在等级系统中，不同层次之间存在相互作用，低层次为高层次提供机制与功能，而高层次对低层次起制约作用。

等级系统包括水平结构和垂直结构。水平结构上，每一层次由不同的整体元组成，整体元具有双向性，对高层次表现为从属组分的受约特性，对低层次则表现出相对自我包含的整体特性。垂直结构上，有巢式和非巢式两种等级系统。巢式系统中，每一层次都由其下一层次组成，具有完全包含和被包含的关系，高层次的特征可以根据低层次的特征进行推测。非巢式系统中，不同等级层次由不同实体单元组成，上下层次之间没有包含与被包含的关系，高层次的特征不能根据低层次的特征进行推测。

其实，等级理论也可以看作是尺度科学的一种表现形式，将等级系统理解为具有若干有秩序层次的系统，包括水平结构和垂直结构。等级系统的核心之一是系统的组织性源于各层次间过程与速率的差异。应用等级理论可以合理地分解系统，这对于景观生态研究具有重要的方法论意义。

（四）空间异质性与景观过程原理

空间异质性是指景观中生态客体空间不均匀分布的结果，形成了景观的空间格局。这种空间格局包括缀块体和其他组成单元的类型、数目以及空间分布与配置等。在景观生态学中，过程是指现象或事件发生、发展的程序与动态特征。景观中的生态过程包括种群动态、群落演替、养分循环、有机体的传播、干扰扩散等。这些过程既是塑造景观的过程，同时也是景观功能体现的过程。

景观的空间异质性与生态过程之间存在因果关系。一般来说，景观中空间异质性的增加会导致生态流的增加。因此，在改变景观时，可以适当增加景观的异质性，从而增加生态流。然而，景观异质性的增加对景观过程的影响不是线性的，景观的异质性应保持在一定的水平范围内，否则可能影响景观的稳定性。

空间异质性与景观过程为城市景观规划提供理论指导。在城市景观中，由于人类的干预，空间异质性往往较强。城市景观主要包括自然生态系统和人工生态系统两类。城市景观的空间异质性主要体现为道路、公园、绿地、广场以及人工构筑物等具有不同功能的二维平面的空间异性质上。

在城市景观规划中，可以从以下几个方面增加城市景观的异质性。

第一，保护城市景观中的敏感区，包括生态敏感区、文化敏感区和自然灾害敏感区。

第二，增加城市景观的多样性，结合城市自身特色，摒弃千篇一律的规划模式。

第三，提高绿地斑块内部的异质性和连通性，如在一个公园中设置树林、草坪、水体、人工建筑等多种元素，并将不同绿地斑块通过道路、绿化廊道、滨水绿带等方式连接起来，实现整体效益最大化。

（五）景观变化与稳定性原理

景观生态学研究景观在空间、时间和功能上的变化规律，特别关注景观变化与稳定性原理。这一原理指出，景观稳定性包括景观抗干扰的能力以及受干扰后的恢复能力。理解这一原理对于指导城市生态的规划具有重要意义。

景观受到不同类型的干扰，如人为干扰和自然干扰，这些干扰会影响景观异质性、生物多样性和景观破碎化。适度的干扰有利于增加生物多样性，而过度或过少的干扰可能导致生物多样性降低。景观变化模式揭示了景观变化在宏观尺度上表现出的规律性，研究景观变化模式（如轴心式、同心圆式、点轴式等），有助于指导景观控制。

景观稳定性具有尺度效应，即在不同的时空尺度下，同一景观表现出的稳定性不同。通过分析景观内生态过程与景观结构的正、负反馈机制，可以揭示景观稳定性的维持机理。

随着城市化进程的加快，城市景观的覆盖面不断扩大，因此理解景观变化与稳定性原理对城市生态规划具有实际意义。城市规划者可以通过这一原理，为城市生态系统提供更适宜的生态环境，促进生物多样性保护、维持景观稳定性并减轻干扰对景观的破坏性影响。

第三章　城市生态规划方法与技术

第一节　城市生态规划的常用方法

一、空间注记法

（一）空间注记法的概念

空间注记法是城市生态规划中的一种常用方法，主要通过直接在地图或空间图像上注释和标注相关信息，如自然环境、社会经济、文化历史、城市设施等，实现对城市空间的综合理解和分析。这种方法的优势在于其直观性和灵活性，可以根据需要灵活地添加、删除和修改标注，以适应出现的不同问题和情况。在空间注记法中，地图或空间图像是主要的工具和载体，它们为城市生态规划提供了基础的空间结构参考，使得标注的信息具有可以表示真实空间位置关系的意义。标注的信息可以是各种类型和来源的数据，包括文字、数字、符号、图像等，可以是表示空间要素的属性、状态、变化等多种信息。

（二）空间注记法的作用

空间注记法在城市生态规划中具有重要作用，并被广泛应用。首先，通过直接在地图上标注信息，可以直观地展示和理解空间中的各种要素及其变化关系，有助于了解城市空间的特征、发现城市空间存在的问题。其次，通过综合多种类型和来源的数据，可以实现对城市空间的全面深入理解与分析，为规划决策提供科学的依据。最后，通过支持用户的交互操作，可以实现动态、实时的空间分析，有助于提高规划的适应性和效率。

在具体的应用中，空间注记法可以用于城市生态规划过程中的各个方面和阶段，如环境评估、区域规划、设施布局、项目选址、效果展示等。例如，在环境评估中，可以标注各种环境要素和影响因素，如地形、水系、植被、污染源等，以分析和评估环境的状况和影响；在设施布局中，可以标注不同设施与服务的位置和范围，如公园、学校、医院、商场等，以优化设施布局，扩大服务覆盖面。

（三）空间注记法的步骤

空间注记法的实施主要包括以下步骤。

1. 选择合适的空间载体

空间注记法的首要步骤就是选择一个合适的地图或空间图像作为标注的载体，它可以是一张精确的地形图、城市平面图，或者是一幅详细的卫星图像。这个载体将为后续的标注提供基础的空间结构参考。

2. 标注关键信息

标注关键信息是空间注记法最核心的步骤。根据规划需要，规划者在地图或空间图像上标注出需要关注的信息，比如环境特征、土地利用、城市设施、人口分布等。这个步骤非常灵活，规划者可以根据不同的问题和情境，标注不同的信息，也可以随时添加、删除和修改标注，以适应规划的变化和进展。

3. 分析和解释标注

一旦完成了标注，接下来就需要规划者以专业的知识和经验解读和分析这些标注，理解它们在空间、分布中的关系和意义。通过这种方式，规划者可以直观地了解和掌握城市的空间特征和问题，为后续的规划决策提供直接的依据。

4. 交互和更新标注

空间注记法支持动态、实时的操作，规划人可以随时交互和更新标注，以反映最新的信息和空间变化情况。例如，当收到新的数据或反馈时，规划者可以立即在地图上更新标注；当进行新的分析或决策时，规划者可以立即在地图上添加或修改标注。这种交互性和实时性使得空间注记法具有高度的灵活性和适应性。

二、叠图分析法

（一）叠图分析法的概念

叠图分析法是指将不同条件的地图（或图层）加以叠加来明确不同区域的设计可能性的一种方法，叠图分析法的基本思想是将不同的地理信息以图层的形式叠加在一起，以达到综合分析的目的。每一个图层代表一个特定的地理属性，例如土壤类型、植被分布、气候条件、人口密度等。通过将这些图层进行叠加分析，可以得到一个综合的、多维度的地理信息图，从而帮助规划者更好地理解和分析地理空间。

（二）叠图分析法的作用

叠图分析法在城市生态规划中的作用主要体现在以下几个方面。

1. 综合分析

叠图分析法可以将多种地理属性集成到一个空间模型中，使我们能够在同一空间下观察和分析各种属性的分布及其相互关系。叠图分析法提高了规划者深入理解和有效解决复杂环境问题的能力。

2. 空间决策支持

叠图分析法可以为决策者提供直观的、空间化的决策信息。例如，通过叠加土壤类型、气候条件、植被分布等图层，可以识别出最适合特定用途（如农业生产、森林保护、城市发展等）的地区。

3. 环境影响评估

叠图分析法也常被用于评估人类活动对环境的影响。例如，通过叠加自然环境、人口分布、土地利用等图层，可以评估某一开发项目可能产生的环境影响。

（三）叠图分析法的步骤

叠图分析法的实施主要包括以下步骤。

1. 数据收集与图层创建

叠图分析法的特色之一就是其具有多维度的分析能力。因此，叠图分析法的首要步骤是收集各种类型的数据，如土地使用、地形、气候、生态系统、人口分布、交通网络等，并将这些数据转化为 GIS 图层，以便后续的多维度分析。这是叠图分析法的基础，也是其独特性的体现。

2. 图层属性定义与加权

图层属性定义与加权步骤中，每个图层都会被赋予一定的权重，这是因为在实际的规划中，不同的图层往往有不同的影响力。例如，对于一个土地利用规划项目，土壤类型图层可能比气候图层更重要。这种权重分配反映了叠图分析法的灵活性和定制性。

3. 图层叠加与分析

图层叠加与分析是叠图分析法的核心步骤，即将所有的图层按照其属性和权重叠加在一起，然后进行综合分析。这个步骤非常直观和形象，可以清晰地展示出各个因素在空间中的分布及其相互关系，是叠图分析法的一大优势。

4.结果解释与应用

根据叠加分析的结果，规划者可以进行深入的解释和应用。例如，找出最适合建设的地区，或者识别出需要保护的生态敏感区。结果解释与应用步骤展示了叠图分析法在实际应用中的价值和效果。

三、动线分析法

（一）动线分析法的概念

动线分析法是城市规划和设计中的一种基本方法，主要用于研究和分析空间组织中的流动性和连接性。动线分析法的基本思想是，通过观察和分析人们在空间中的移动路径，即动线，来理解和改善空间的组织和使用。动线可以是行人的步行路径，也可以是车辆的驾驶路径，甚至可以是空气、水流等自然元素的流动路径。

（二）动线分析法的作用

动线分析法在城市生态规划中有着非常重要的作用，它的应用可深入到城市规划的各个层面。具体而言，其作用主要体现在以下几个方面。

1.优化空间布局

动线分析法可以揭示出空间内各种元素的流动性和连通性，包括人群、车辆、物资等。这些信息有助于规划者更好地理解空间的实际使用情况，进而优化空间布局，提高空间使用效率。例如，可以根据动线分析的结果调整公共设施的布局，如公交站点、公共厕所、垃圾箱等，以满足人们的实际需求。

2.指导交通规划

动线分析法对于交通规划尤为重要。通过分析交通动线，可以识别出交通瓶颈、危险点、拥堵区等，进而指导交通设施的布局和交通管理政策的制定。例如，可以优化道路网络的布局，提高道路的连通性和流动性；可以设置交通信号灯，管理交通流量，减少交通事故。

3. 保护生态环境

动线分析法也可以用于生态保护。通过分析生态动线，如动物的迁徙路线、水流的流动路径等，可以识别出生态敏感区，制定出有效的生态保护措施。例如，可以设立生态走廊，保护动物的迁徙路线；可以设立水源保护区，保护水源的清洁和安全。

4. 提升社区活力

动线分析法可以揭示出社区内的活动模式和社交网络，有助于规划者更好地理解和满足社区居民的需求，进而提升社区的活力和凝聚力。例如，可以根据居民的活动动线设立公共活动场所，如公园、广场、社区中心等，以鼓励社区居民积极参与社交活动。

5. 支持决策制定

动线分析法提供的信息是非常宝贵的决策支持资源。规划者可以根据动线分析的结果制定出更科学、更有效的规划决策。例如，可以根据动线分析的结果确定城市扩展的方向，设定土地使用的优先级，制定城市发展的策略等。

（三）动线分析法的步骤

动线分析法的实施主要包括以下步骤。

1. 动线数据收集

动线分析法的首要步骤是收集动线数据。这一步骤中，动线分析法的特性开始显现。动线数据可以是行人的行走路径，也可以是车辆的运行轨迹，甚至包括空气、水流等自然要素的流动路径。这些数据通过实地调查、遥感技术、人工智能等多种方式获取，显示出动线分析法的多元化和复杂性。

2. 动线数据分析

动线数据分析阶段，动线分析法的复杂性和深度性进一步显现。动线数据需要通过地理信息系统（GIS）、数据挖掘等技术进行处理和分析，诸如流量、速度、方向、频次等多种参数都需要被考虑在内。这一阶段的分析可以揭示出各种动线之间的关系，以及动线与空间结构之间的相互作用。

3. 动线解析与应用

动线解析与应用阶段，动线分析法的实用性和针对性开始发挥作用。根据动线数据分析的结果，规划者可以对空间布局进行优化，提高空间利用效率，改善人与环境的互动关系，减少不必要的冲突和瓶颈。此外，动线分析的结果还可以用于指导交通系统的设计，生态走廊的保护，甚至是城市政策的制定等。

四、层次分析法（AHP）

（一）层次分析法（AHP）的概念

层次分析法（Analytic Hierarchy Process，简称 AHP），是一种定性与定量分析相结合的决策方法。该方法通过建立层次结构模型，运用数学的方法，对各决策元素进行比较评价和综合评价，从而得出决策的最优选择。在城市生态规划中，AHP 常常被用于评价和选择方案，或者对规划决策进行优化。

（二）层次分析法（AHP）的作用

在城市生态规划中，层次分析法（AHP）的应用非常广泛，其作用主要体现在以下几个方面。

1. 评价方案优劣

城市生态规划通常涉及多个复杂的方案，每个方案都有其优点和缺点，需要全面、客观地评价。AHP 通过构建层次结构模型，将方案的各个方面（如经济性、可行性、环境影响等）进行量化比较，从而为决策者提供一个系统化、量化的评价方法，帮助他们判断各个方案的优劣，从而选择最优方案。

2. 优化决策

城市生态规划中的决策问题通常是多目标、多准则的，而 AHP 可以将这些复杂的问题分解为易于处理的层次和元素，然后通过配对比较和优先级计算，帮助决策者找出最优的决策方案。

3. 风险评估

在城市生态规划过程中，可能会遇到各种风险，如环境风险、经济风险、技术风险等。AHP 可以帮助决策者进行风险量化，通过比较风险的大小和可能的影响，为决策提供参考。

4. 制定政策

城市生态规划的成功实施需要得到有效的政策支持。AHP 可以帮助决策者确定政策的优先级，从而制定出更符合实际需求、更有利于规划实施的政策。

（三）层次分析法（AHP）的步骤

层次分析法（AHP）的实施主要包括以下步骤。

1. 建立层次结构模型

将决策问题分解为目标层（决策的总目标）、准则层（决策的评价标准或准则）和方案层（可能的决策方案）三个层次。目标层只有一个元素，即决策的总目标；准则层有一个或多个元素，每个元素都是一个评价标准或准则；方案层有多个元素，每个元素都是一个可能的决策方案。

2. 建立判断矩阵

对每一层的元素进行两两比较，比较的标准是在实现上一层元素目标时，一个元素相对于另一个元素的重要性或优先级，然后构建判断矩阵。

3. 计算权重

对于每个判断矩阵，首先，计算其最大特征值和对应的特征向量，特征向量的元素就是各元素的权重。其次，检验判断矩阵的一致性，如果一致性比率满足要求（通常是小于 0.1），则接受该权重分配；否则，需要重新进行同一层元素的两两比较和判断矩阵的构建。

4. 综合评价

如果决策问题只有一个层次（即只有方案层），那么，各方案的权重就是其最终评价结果，权重最大的方案就是最优方案。如果决策问题有多个层次（即除了方案层，还有一个或多个准则层），需要对每个方案根据各准则进行评价，然后，根据各准则的权重，计算各方案的综合评价结果，综合评价结果最优的方案就是最优方案。

五、解释模型法（ISM）

（一）解释模型法（ISM）的概念

解释模型法（Interpretive Structural Modeling，简称 ISM）是一种系统工程的方法，旨在帮助决策者理解复杂的社会和经济系统的结构和演变。ISM 通过识别和解释系统中的元素及其相互关系，构建出反映系统结构的模型。这种模型可以帮助决策者理解系统的工作原理，预测系统的发展趋势，制定有效的决策策略。

（二）解释模型法（ISM）的作用

解释模型法（ISM）在城市生态规划中的作用主要体现在以下几个方面。

1. 揭示系统结构

ISM 可以帮助规划者识别出城市生态系统中的关键元素以及这些元素之间的相互关系，如自然资源、人口、经济活动等。通过构建解释模型，规划者可以清晰地看到城市生态系统的整体结构和工作原理。

2. 预测系统演变

ISM 不仅可以揭示系统当前的结构，还可以预测系统未来的发展趋势。通过分析元素之间的关系和影响，规划者可以预见到城市生态系统可能出现的变化，从而为规划制定提供依据。

3. 优化决策策略

ISM 可以帮助规划者预测决策生产的其他影响。例如，对某个元素的决策可能会影响到其他元素，通过解释模型，规划者可以预测到这些影响，从而制定更优的决策策略。

4. 促进跨学科合作

城市生态规划是一个跨学科的领域，涉及生态学、经济学、社会学等多个学科的知识。ISM 通过构建共享的模型，可以促进不同学科专家有效进行沟通和合作。

（三）解释模型法的步骤（ISM）

解释模型法（ISM）的实施主要包括以下步骤。

1. 识别元素

规划者需要识别出城市生态系统中的关键元素。这些元素可以是物质的，如自然资源、建筑物等；也可以是非物质的，如法律、政策等。识别元素的过程需要对城市生态系统有深入的理解，也需要进行数据收集和分析。

2. 分析元素关系

规划者需要分析元素之间的相互关系。这些关系可以是因果关系，也可以是相互影响的关系。分析元素关系的过程需要深入理解每个元素的特性，以及元素之间相互作用关系。这个过程需要借助专家力量，或者进行大量的文献研究。

3. 构建解释模型

理解了各元素及其相互关系之后，规划者可以开始构建解释模型。这个模型通常是一个图形，其中的节点代表元素，边代表元素之间的关系。构建解释模型的过程需要进行逻辑分析与逻辑综合，也需要使用特殊的软件工具。

4. 验证和修正模型

构建完成的解释模型需要进行验证和修正。验证模型的过程可能涉及模型的模拟运行、与实际情况的比较等环节。如果模型不能准确地反映城市生态系统的结构和工作原理，或者不能预测未来的发展趋势，那么就需要对模型进行修正。

5. 应用模型

解释模型可以用于决策支持。规划者可以通过模型了解城市生态系统的工作原理，预测未来的发展趋势，制定有效的决策策略。此外，解释模型也可以用于教育和传播，帮助其他人理解城市生态系统。

六、语义分析法（SD法）

（一）语义分析法（SD法）的概念

语义分析法（Semantic Differential Method，简称SD法）是一种测量和分析人们对事物意义理解的研究方法。它由美国心理学家奥斯古德（Charles E. Osgood）和其同事共同提出。SD法主要利用一组极性评价词对事物进行评价，通过量化的方式，分析和解释人们的心理感受和态度。

（二）语义分析法（SD法）的作用

SD法在城市生态规划中的应用主要体现在以下几个方面。

1. 感知和态度的测量

SD 法可以用来测量和分析居民对城市环境的感知和态度，包括对空气质量、噪声水平、绿地分布等各个方面的感知，以及对城市生态规划政策的态度等。

2. 规划方案的评估

SD 法也可以用来评估不同的规划方案。通过相关人群运用 SD 法对各方案做出的评价，规划者可以了解各方案在公众心目中的优势和劣势，从而做出更合理的决策。

3. 公众参与的促进

SD 法是一种相对简单的评价方法，公众可以很容易地参与到运用 SD 法的调查和研究中来，从而促进公众对城市生态规划的参与。

（三）语义分析法（SD 法）的步骤

语义分析法（SD 法）的实施主要包括以下步骤。

1. 设计 SD 量表

规划者需要设计一份 SD 量表。量表上应该列出一系列的极性评价词，如"好／坏""美／丑""有序／混乱"等。每对极性评价词之间应该有一个连续的评分尺度，如 1-7 点。

2. 进行调查

规划者需要将 SD 量表分发给相关的人群，让他们对城市环境或规划方案进行评价。调查的过程需要遵循科学的原则，保证数据的真实性和有效性。

3. 分析数据

收集到数据后，规划者需要对数据进行分析。一般来说，可以计算每对极性评价词的平均评分，以了解人们对事物的总体感知和态度。也可以使用更复杂的统计方法，如因子分析，以揭示更深层次的感知和态度结构。

4. 解释和应用结果

分析完成后，规划者需要对结果进行解释，并将其应用到城市生态规划的决策中。例如，如果公众对空气质量的感知很差，那么规划者可能需要重点考虑如何改善空气质量。如果公众对某个规划方案的评价很高，那么规划者可能需要将该方案作为优先考虑方案。

七、SWOT 分析法

（一）SWOT 分析法的概念

SWOT 分析法是一种战略规划工具，用于帮助组织识别其内部的优势（Strengths）和劣势（Weaknesses），以及外部的机会（Opportunities）和威胁（Threats）。这四个单词的首字母组合起来就形成了"SWOT"。SWOT 分析旨在帮助组织识别并利用其优势，改善劣势，抓住机会，并应对或减轻威胁。

（二）SWOT 分析法的作用

在城市生态规划的过程中，SWOT 分析法发挥着关键的作用，具体表现为以下几点。

1. 提供全面分析框架

SWOT 分析提供了一个全面的框架，使规划者能够深入地分析和理解城市环境的内在特性和外部环境。这包括理解城市的生态优势和劣势，以及外部环境可能带来的机会和威胁。这种全面的分析帮助规划者避免在规划过程中忽视重要的因素。

2. 促进规划策略

通过全面的 SWOT 分析，规划者可以识别出城市的优势和劣势，从而制定出针对性的策略。例如，如果一个城市的生态环境状况较好，那么可以将这一优势作为吸引投资和发展旅游业的策略。如果城市在处理垃圾方面存在问题，那么可以制定出改善这一劣势的策略。

3. 提升决策质量

通过 SWOT 分析，规划者可以更好地理解城市的内外环境，从而做出更加明智的决策。例如，如果外部环境中存在对城市生态环境有利的政策或趋势，规划者可以及时抓住机会，制定相应的策略。

（三）SWOT 分析法的步骤

SWOT 分析法的实施主要包括以下步骤。

1. 收集和整理信息

收集和整理信息是进行 SWOT 分析的第一步，也是最重要的步骤。规划者需要收集和整理大量关于城市环境的信息，包括城市的生态环境、社会经济状况、政策法规、社区需求等。这些信息将为后续的分析提供基础。

2. 识别和列举优势、劣势、机会和威胁

在收集到足够的信息后，规划者需要识别和列举城市的优势、劣势、机会和威胁。在这个过程中，规划者需要进行深入的思考和分析，确保所有重要的因素都考虑在内。

3. 对优势、劣势、机会和威胁进行权重评定和排序

在识别出优势、劣势、机会和威胁后，规划者需要基于它们的相对重要性，对其进行权重评定和排序。以便更有效地进行决策和策略制定。例如，规划者会发现城市中的某个优势非常重要，就需要在规划中给予高优先级。

4. 构建 SWOT 矩阵并进行策略制定

将识别出的优势、劣势、机会和威胁填入 SWOT 矩阵，然后进行策略制定。策略制定通常包括 SO 策略（利用优势抓住机会）、ST 策略（利用优势对抗威胁）、WO 策略（改善劣势以抓住机会）和 WT 策略（改善劣势以避免威胁）。

5. 实施、监控和调整

实施根据 SWOT 分析结果制定的策略，并对结果进行监控和调整。这是一个循环的过程，因为城市环境和外部环境随着时间变化可能会出现新的优势、劣势、机会和威胁，因此，规划者需要定期进行 SWOT 分析，以确保规划策略的有效性和适应性。

八、使用后评估法（POE）

（一）使用后评估法（POE）的概念

使用后评估法（Post-Occupancy Evaluation，简称 POE），是一种在项目实施后进行的评估方法，主要用于评估项目实施的效果和影响。这种方法起源于建筑学领域，用于评估建筑物的使用效果，现在也被广泛应用于包括城市生态规划在内的各种项目评估中。使用后评估法通常包括对项目的物质条件、功能性能、使用者满意度等方面进行评估。评估结果可以为未来的项目规划和设计提供有价值的反馈和建议。

（二）使用后评估法（POE）的作用

使用后评估法（POE）的主要作用可以从以下几个方面进行阐述。

1. 规划效果的实证评估

POE 是一种实证研究方法，它依赖于对实际情况的观察和数据收集，以评估规划的实施效果。这种方法可以提供直接、详细和真实的评估结果，从而使决策者和规划者更好地了解规划实施的实际情况，比如规划的执行程度，规划目标的实现程度，规划的优点和缺点等。

2. 提供反馈和建议

POE 的一个重要功能是提供反馈和建议。通过对规划实施效果的详细评估，规划者可以了解到规划的不足之处，以及改进方向。此外，POE 还可以收集到使用者的反馈和建议，这对于优化规划设计和提高使用者满意度是非常重要的。

3. 促进决策的科学化和民主化

POE 的实证性和反馈性可以帮助决策者和规划者做出更科学、更民主的决策。科学性体现在 POE 提供了详细的数据和分析过程，使决策更加基于事实；民主性体现在 POE 引入了使用者的反馈和建议，使决策更反映使用者的需求和意愿。

（三）使用后评估法（POE）的步骤

POE 是一个系统的、细致的评估流程，具有实证性、反馈性和动态性等突出特点，评估的具体步骤如下。

1. 确定评估目标

明确评估目标是 POE 的第一步，也是评估的出发点和方向。在城市生态规划中的评估目标包括评估规划实施的效果、影响，以及使用者的满意度等。

2. 设计评估框架和方法

确定评估目标后，需要设计详细的评估框架和方法。通常包括确定评估的主要内容、选择适当的评估技术和工具、确定数据收集和分析方法等。使用后评估法注重实证分析，因此，应选择基于可观察和可测量的指标的评估方法。

3. 数据收集

数据收集步骤需要收集大量的定性和定量数据，以便进行详细的评估。数据收集的方式包括现场观察、访谈、问卷调查、文档分析等。在城市生态规划的使用后评估中，需要收集关于规划实施的效果、影响，以及使用者满意度等方面的数据。

4. 数据分析和解释

收集到足够的数据后，需要对数据进行详细的分析和解释。主要包括描述性统计分析、主题分析、关联性分析等。POE 强调动态评估，因此，数据分析的过程通常需要对数据进行跟踪和对比，以便了解规划实施的动态变化。

5. 制定改进策略

根据评估结果，需要制定相应的改进策略。主要包括改进规划设计、优化实施策略、提高使用者参与度等。POE 强调反馈性，因此，制定改进策略的过程通常需要充分考虑使用者的反馈和建议。

6. 评估报告和反馈

评估报告和反馈主要包括编写详细的评估报告，汇报评估的结果和改进策略，并向相关的决策者和利益相关者提供反馈等内容。该步骤可以帮助各方理解评估的过程和结果，提高规划的透明度和可信度。

九、空间句法

（一）空间句法的概念

空间句法是一种理论和方法体系，主要用于研究和分析空间布局对社会、文化和经济行为的影响。空间句法基于对建筑和城市空间结构的深入理解，研究空间结构如何影响人的行为模式，如行走路线、活动分布和社会互动等。空间句法的主要工具包括轴线分析、路径分析和可视域分析等定量分析方法，这些方法可以用来量化空间的连通性、集成性和可达性等特性。

（二）空间句法的作用

在城市生态规划中，空间句法的作用主要体现在以下几个方面。

1. 空间结构分析

空间句法可以帮助规划者理解和分析城市空间的结构特性，包括空间的连通性、集成性和可达性等，从而为规划设计提供重要的理论依据和技术支持。

2. 行为模式预测

空间句法可以预测行走路线、活动分布和社会互动等空间结构对人的行为模式的影响，从而帮助规划者优化空间布局，提高空间的使用效率和舒适度。

3. 城市问题解决

空间句法可以帮助规划者识别和解决城市问题，如交通拥堵、社区孤立和公共设施分布不均等，从而提高城市的生活质量和可持续发展。

（三）空间句法的步骤

空间句法的具体步骤如下。

1. 数据准备

空间句法的首要步骤是收集和准备所需的空间数据。包括地形图、街道网络图、建筑布局图、公共设施地点等数据。由于数据来源不同，并且需要以一种可以进行定量分析的方式进行处理和表示，因此，该步骤具有多样性与复杂性特点。

2. 空间表示

在准备好数据之后，便可以进行空间表示。空间句法通常采用特定的方式来表示和理解空间，例如，通过使用轴线图（axial map）或可视图（visibility graph）来捕捉空间的连通性和视觉可达性。这种方式可以帮助人们以新的视角理解城市空间的复杂性。

3. 空间分析

空间分析通常涉及一些定量的计算和度量，如集成度、连通性、控制度等。这一步骤的目标是寻找空间结构和人的行为模式之间的关系。例如，一个地方的集成度高，那么这个地方可能会有更多的人流和活动。

4. 行为模式预测

预测行为模式是空间句法独特性所在。通过对空间结构的分析，规划者可以预测人们在空间中的行为。例如，预测人们可能选择哪些路线行走，哪些地方可能会有更多的社会互动等。这种预测能力对于城市规划和设计具有重要的指导意义。

5. 规划策略制定

根据空间句法分析的结果，制定相应的规划策略和设计建议。例如，如果分析发现某些地方的连通性较差，可能会影响人的行走路线和活动分布，那么规划者就可以通过改善这些地方的空间布局来优化人的行为模式。

十、生态足迹分析法

（一）生态足迹分析法的概念

生态足迹分析法是一种度量人类自然资源消耗程度和对环境产生影响程度的方法。它通过计算人类活动所需的生物生产性土地和水域面积，以及这些资源的可持续供给能力，来评估人类对地球生态系统的压力。生态足迹的单位通常为全球公顷，表示在全球范围内，人类活动所需的生物生产性土地和水域面积。生态足迹分析法目前已被广泛应用于全球范围的环境及其可持续性研究中。

（二）生态足迹分析法的作用

生态足迹分析法是一种独特的分析方法，能够帮助规划者了解并解决城市生态规划中的许多关键问题。其作用主要体现在以下几个方面。

1. 提供环境压力的量化度量

生态足迹可以直观地显示出一个城市或国家的消费模式对地球生态系统产生的压力。它涵盖了各种消费活动，包括食物、能源、住房、交通等，以及这些活动所产生的废物排放。生态足迹提供了一个全面、综合的视角，帮助规划者理解和评估环境压力。

2. 评估可持续性

生态足迹分析法可以评估一个城市或国家的可持续性，即其消费模式是否超过了地球生态系统的承载能力。这是通过比较生态足迹和生物容量（即地球生态系统的可持续供给能力）来实现的。如果一个城市的生态足迹超过了其生物容量，那么这个城市就被认为是不可持续的。这种评估可以帮助人们识别出那些对地球生态系统产生过度压力的城市或国家，从而采取相应的行动。

3. 帮助制定和评估政策

生态足迹分析法可以为政策制定和评估提供科学依据。政策制定者可以利用生态足迹分析结果，识别出需要改变的消费模式，制定有效的政策。例如，促进可再生能源的使用、鼓励节约资源和减少废物排放等。同时，生态足迹也可以用来评估这些政策的效果，看看它们是否真正实现了减少环境压力和提高可持续性的目标。

4. 提高公众意识

生态足迹分析法也可以用来提高公众的环境问题意识和可持续性发展意识。通过分析生态足迹，人们可以清楚地看到自己的生活方式对地球生态系统产生了多大的影响，从而改变自身原有消费模式，采取更环保、更可持续的消费方式。

（三）生态足迹分析法的步骤

生态足迹分析法是一种综合性的计算方法，包含了从数据收集到结果解读的全过程，具体如下。

1. 数据收集

生态足迹分析的第一步是数据收集，包括收集人口数量、经济活动、资源消耗和废物排放等信息。这些数据通常来自国家统计报告、科研报告、企业报告等公开资源。数据收集是生态足迹分析的基础，对结果的准确性有重要影响。

2.转换为生态足迹

数据收集后，需要将这些数据转换为生态足迹，也就是将资源消耗和废物排放转换为相应的生物生产性土地和水域面积。这一步骤涉及一系列的转换因子和公式，如能源转换因子、碳排放转换因子、食品转换因子等。这些转换因子和公式由专门的生态足迹研究机构提供，确保了计算的准确性和一致性。

3.计算生态足迹

将所有的生态足迹加总，就得到了一个城市或国家的总生态足迹。这一步骤也涉及一些复杂的计算，如计算时需考虑生态足迹的时间动态性（因为资源的生产和废物的排放是随时间变化的）、调整生态足迹的空间异质性（因为不同地区的生态生产力和废物吸收能力是不同的）等。

4.对比生物容量

为了评估一个城市或国家的可持续性，需要将其生态足迹与相应的生物容量进行对比。生物容量是指一个地区的生物生产性土地和水域能够持续提供的生态服务量。如果生态足迹超过了生物容量，那么这个城市或国家就被认为是不可持续的。

5.结果解读和策略制定

结果解读和策略制定主要指对结果进行解读，评估城市或国家的环境压力和可持续性，并根据结果制定相应的政策和策略，如资源节约、废物减排、可再生能源开发等。

第二节　城市生态规划的可用技术

一、地理信息系统（GIS）技术

（一）GIS 技术概述

地理信息系统（GIS）是一种用于捕获、存储、分析和可视化地理空间数据的计算机技术。它将地理空间数据与属性数据结合起来，从而为决策者提供更加全面和精准的信息。GIS 技术已经被广泛应用于许多领域，包括地图制作、资源管理、城市规划、环境保护、农业、水资源管理、医疗保健等。下面，笔者将简要论述 GIS 技术在城市生态规划中的应用。

（二）GIS 技术在城市生态规划中的应用

GIS 技术在城市生态规划中的应用主要体现在四个方面：遥感影像处理、空间分析、地理编码和可视化。

1. 遥感影像处理

遥感影像处理在城市生态规划中具有重要作用，它为城市生态规划提供了丰富的基础数据。遥感影像可以获取城市土地利用、植被覆盖、地形地貌等方面的信息，这些信息是生态规划的基础。通过遥感影像处理，规划者可以对城市土地利用进行分类和评价，分析城市生态系统的结构和功能，确定生态敏感区和生态保护区等。

遥感影像处理技术包括图像分类、目标检测、变化检测等。图像分类是将遥感影像划分为不同类别的过程，如城市建设用地、农田、林地等。目标检测是在遥感影像中识别特定目标（如建筑物、道路等）的过程。变化检测是对比不同时间的遥感影像，识别地表变化的过程。这些技术可以帮助规划者在城市生态规划过程中，更加准确地识别和分析城市生态环境的问题，为制订科学合理的规划方案提供数据支持。

2. 空间分析

空间分析是 GIS 技术的核心功能之一，它可以帮助规划者识别城市生态系统中的空间格局、关联性和热点区域，从而为生态规划的优化提供依据。在城市生态规划中，空间分析方法的应用主要包括以下几个方面。

（1）缓冲区分析。缓冲区分析是在特定距离范围内对目标进行空间查询和分析的方法。在城市生态规划中，缓冲区分析可以用于确定生态敏感区、生态保护区的边界，评估规划方案对周边环境的影响等。

（2）叠加分析。叠加分析是将多个图层叠加在一起，分析图层之间的空间关系的方法。在城市生态规划中，叠加分析可以用于分析城市土地利用、生态系统服务、生态风险等多个方面的信息，为制定综合性的生态规划提供依据。

（3）空间插值。空间插值是根据已知点的空间分布，预测未知点的属性值的方法。在城市生态规划中，空间插值可以用于预测城市绿地系统的空间分布、环境质量等方面的信息，为规划方案的优化提供数据支持。

3. 地理编码

地理编码是将地理位置信息（如街道名称、门牌号等）转换为地理坐标的过程。在城市生态规划中，地理编码可以帮助规划者确定特定地点的精确位置，为生态规划的制定和实施提供准确的空间参考。地理编码的应用场景包括以下几个方面。

（1）地址匹配。将具体的地址信息转换为地理坐标，以便在地图上准确显示。地址匹配有助于规划者了解项目的具体位置，以便在生态规划中合理安排项目的布局和规模。

（2）空间查询。通过地理编码，规划者可以将地理位置信息与其他空间数据关联起来，进行空间查询和分析。例如，通过地理编码查询某一地区的生态环境状况，为生态规划提供依据。

（3）路径分析。地理编码可以帮助规划者分析不同地点之间的最短路径、最优路径等，为城市生态规划中交通、绿地等系统的规划提供参考。

4. 可视化

可视化是将地理空间数据以图形或图像的形式展示出来的过程。在城市生态规划中，可视化可以帮助规划者直观地展示规划方案的空间分布情况和影响范围，以及规划实施后可能带来的环境变化。常用的可视化方法包括制图、三维建模、动画等。

（1）制图。制图是将地理空间数据转换为地图的过程。在城市生态规划中，制图可以帮助规划者清晰地呈现规划方案的空间布局，便于与相关方沟通和讨论。

（2）三维建模。三维建模是将地理空间数据转换为三维模型的过程。在城市生态规划中，三维建模可以帮助规划者更直观地展示规划方案的立体效果，更好地评估方案的可行性和合理性。

（3）动画。动画是通过连续播放一系列图像，展示地理空间数据变化的过程。在城市生态规划中，动画可以用于展示规划实施过程中的环境变化、生态系统演变等，有助于规划者更好地了解规划方案产生的影响和效果。

二、大数据分析技术

（一）大数据分析技术概述

大数据分析技术是一种涉及收集、存储、处理和分析大量数据的技术，旨在从数据中提取有价值的信息。随着互联网和物联网的发展，数据量呈现爆炸式增长，大数据分析技术变得越来越重要。在城市生态规划中，大数据分析技术可以帮助决策者更好地理解城市生态系统的复杂性，从而制订出更加科学、合理的规划方案。

（二）大数据分析技术在城市生态规划中的应用

大数据分析技术在城市生态规划中的应用主要体现在以下两个方面。

1. 数据挖掘

数据挖掘是从大量数据中发现有用信息和知识的过程。在城市生态规划中，数据挖掘可以帮助规划者发现城市生态系统中的潜在规律和关联性，从而为规划决策提供依据。数据挖掘在城市生态规划中的应用主要包括以下几个方面。

（1）聚类分析。聚类分析是一种将数据划分为不同类别的无监督学习方法。在城市生态规划中，聚类分析可以用于分析城市生态系统中的空间格局，识别生态敏感区、生态功能区等。通过聚类分析，规划者可以更好地理解城市生态环境的特征和问题，为生态规划的制定提供依据。

（2）关联规则挖掘。关联规则挖掘是一种发现数据中的关联性和依赖性的方法。在城市生态规划中，关联规则挖掘可以用于分析城市生态环境中的因果关系及其相互作用，如土地利用与生态系统服务之间的关系、环境污染与健康风险之间的关系等。通过关联规则挖掘，规划者可以更好地理解城市生态环境的演变机制，为城市生态规划的优化提供依据。

（3）异常检测。异常检测是一种识别数据中的异常值和离群点的方法。在城市生态规划中，异常检测可以用于识别生态环境中的突发事件和潜在风险，如突发污染事件、生态系统退化等。通过异常检测，规划者可以及时发现和处理城市生态环境的问题，为生态规划的实施提供保障。

2. 机器学习

机器学习是一种让计算机通过训练数据自动学习和改进的技术。在城市生态规划中，机器学习可以帮助规划者构建预测模型，预测生态环境变化和规划实施的影响。机器学习在城市生态规划中的应用主要包括以下几个方面。

（1）决策树。决策树是一种基于树结构的分类和回归方法。在城市生态规划中，决策树可以用于分析多种因素对生态环境的影响，为规划者提供决策支持。例如，通过分析土地利用、气候、人口等因素对生态系统服务的影响，规划者可以制定合理的土地利用策略，优化生态系统服务。

（2）支持向量机。支持向量机是一种基于间隔最大化的分类和回归方法。在城市生态规划中，支持向量机可以用于预测生态环境变化和规划实施的影响。例如，通过训练支持向量机模型，规划者可以预测不同土地利用策略对城市绿地系统、水资源保护等方面的影响，为生态规划的优化提供依据。

（3）人工神经网络。人工神经网络是一种模拟生物神经系统的计算模型。在城市生态规划中，人工神经网络可以用于分析复杂的非线性关系和模式，为规划者提供深入的分析视角。例如，通过训练人工神经网络模型，规划者可以预测气候变化、城市化等因素对生态系统演变的影响，为生态规划的制定提供支持。

三、人工智能（AI）技术

（一）AI 技术概述

人工智能（AI）是一种模拟人类智能的计算机技术。它通过对人类智能的研究和模仿，使机器能够自主地进行学习、推理、识别、判断和决策等过程，具备某些人类智能的表现。人工智能技术已经被广泛应用于各个领域，包括自然语言处理、图像识别、机器学习、智能控制等。在城市生态规划中，AI 技术可以帮助决策者更好地理解和处理城市生态系统中的复杂问题。

（二）AI 技术在城市生态规划中的应用

AI 技术在城市生态规划中的应用主要体现在四个方面：神经网络、自然语言处理、智能决策支持系统和辅助公众参与。

1. 神经网络

神经网络作为一种计算模型，可以对城市生态系统中的潜在规律和关联性进行建模。以下是神经网络在城市生态规划中的几种应用。

（1）生态环境评价。通过训练神经网络模型，可以根据城市生态系统的各种参数（如土地利用类型、植被覆盖度、气候条件等）评估生态环境的状况。神经网络具有较强的逼近能力，能够准确地模拟复杂的生态环境影响因素之间的关系，从而为城市生态规划提供有力支持。

（2）生态足迹预测。神经网络可以用于预测城市生态足迹，即衡量城市对自然资源的消耗程度。通过训练神经网络模型，可以根据城市的社会经济数据、土地利用情况等参数预测城市生态足迹的变化趋势，从而为城市生态规划提供依据。

（3）生态系统服务价值评估。神经网络可以用于评估城市生态系统服务价值，即衡量生态系统为人类提供的各种服务（如空气净化、水源保护、碳排放减缓等）的经济价值。通过训练神经网络模型，可以根据生态系统的结构和功能参数评估生态系统服务价值，从而为城市生态规划提供经济依据。

（4）生态风险评估。神经网络可以用于评估城市生态系统面临的各种风险，如洪水、干旱、土壤污染等。通过训练神经网络模型，可以根据城市生态系统的脆弱性参数预测生态风险的发生概率和影响程度，从而为城市生态规划提供风险防范依据。

2. 自然语言处理

自然语言处理（NLP）是一种计算机技术，旨在使计算机能够理解和处理人类语言。在城市生态规划中，NLP可以用于分析和处理各种文本数据，为规划者提供更丰富的信息来源和更有效的决策依据。

（1）政策文件和规划报告。NLP可以帮助规划者高效地分析政策文件和规划报告，快速提取关键信息。通过文本分类、关键词提取、摘要生成等技术，规划者可以更好地了解生态规划的背景、需求和挑战，从而制订更为合理和有效的规划方案。

（2）公众意见分析。在城市生态规划过程中，公众意见是一个重要的参考因素。NLP可以用于挖掘公众意见，从非结构化的文本数据（如社交媒体评论、电子邮件等）中提取出有价值的信息。通过主题模型、情感分析等技术，规划者可以了解公众对于生态规划的关注点和态度，更好地满足公众需求。

（3）语义分析。NLP可以用于分析规划文本中的语义结构，揭示潜在的规划理念和方法。例如，通过语义相似度计算、关系抽取等技术，规划者可以发现不同规划方案之间的相似性和差异性，从而为决策提供更多维度的参考。

3. 智能决策支持系统

智能决策支持系统（IDSS）是一种结合人工智能技术的决策辅助工具，可以帮助规划者在复杂的城市生态规划问题中做出更科学和有效的决策。

（1）自动分析和评估。IDSS可以根据规划者的需求和限制条件，运用人工智能技术（如数据挖掘、机器学习等）自动分析和评估各种规划方案，从而提高城市生态规划的决策效率和科学性。

（2）优化方案生成。IDSS可以根据规划者的目标和约束条件，运用优化算法（如遗传算法、模拟退火算法等）自动生成最优或次优的规划方案，从而帮助规划者在众多方案中选择最佳的解决方案，提高规划质量。

（3）风险评估与预测。IDSS可以运用机器学习、统计模型等技术对城市生态规划中的不确定性和风险进行评估和预测。例如，通过历史数据挖掘和模式识别，IDSS 可以预测生态环境变化、社会经济发展等因素对规划方案的影响，从而帮助规划者制定更具预见性和针对性的措施。

4. 辅助公众参与

AI 技术在辅助公众参与城市生态规划过程中也具有重要作用。通过运用聊天机器人、智能问答系统等技术，公众可以更方便地获取规划信息、提出建议和反馈意见，从而增强城市生态规划的透明度和公众参与度。

（1）聊天机器人。聊天机器人可以用于搭建与公众沟通的桥梁，回答公众关于城市生态规划的问题，收集公众意见。通过自然语言处理和对话管理技术，聊天机器人可以与公众进行自然、流畅的对话，提高公众参与度。

（2）智能问答系统。智能问答系统可以根据公众提出的问题，自动检索和推荐相关的规划信息、政策文件等。智能问答系统有助于公众更快地找到所需信息，提高规划信息的可获取性和透明度。

（3）意见挖掘与分析。运用 NLP 技术（如主题模型、情感分析等），可以从公众意见中提取出有针对性的意见，为规划者提供更丰富的参考信息。此外，通过对公众意见的挖掘和分析，规划者还可以及时发现和解决潜在的问题，提高规划方案的可行性和接受度。

四、虚拟现实（VR）技术

（一）VR 技术概述

虚拟现实（VR）是一种计算机技术，通过对现实世界的模拟，让用户在虚拟世界中体验现实世界中不存在或者不容易体验的场景、情境或事件。VR 技术主要利用计算机图形学、传感器技术、人机交互技术等多种技术手段，为用户提供全感官、沉浸式的体验。在城市生态规划中，

VR 技术可以帮助决策者更加直观地理解和评估规划方案的效果。

（二）VR 技术在城市生态规划中的应用

VR 技术在城市生态规划中的应用主要体现在三个方面：虚拟现实场景、虚拟现实参与、虚拟现实教育和培训。

1. 虚拟现实场景在城市生态规划中的应用

虚拟现实场景技术为城市生态规划提供了一个直观、沉浸式的展示和交流平台。通过全景图、立体声音效、交互式操作等技术，规划者可以在虚拟环境中快速创建和修改规划方案，并对其进行可视化呈现。具体而言，其应用主要体现在以下三个方面。

（1）规划方案可视化。在城市生态规划过程中，虚拟现实场景可以将二维的规划图纸转化为直观的三维模型。规划者可以通过操控虚拟场景中的建筑、绿地、水系等元素，快速构建和修改规划方案。同时，规划者可以在虚拟场景中设置不同的视点、时间和光照条件，展示规划实施后的环境变化。规划方案可视化有助于增强规划者对规划方案的空间感知和环境评估能力，提高规划设计的质量。

（2）空间格局分析。虚拟现实场景可以帮助规划者对城市生态系统的空间格局进行深入分析。在虚拟场景中，规划者可以观察生态敏感区、生态功能区等空间分布特征，并分析其与城市土地利用、交通网络、人口分布等因素的关系。规划者还可以通过虚拟现实场景模拟生态系统的动态演变过程，如植被生长、水文循环等。空间格局分析有助于提高规划者对城市生态系统的认识和理解，为生态规划的制定提供依据。

（3）影响评估与优化。在城市生态规划中，虚拟现实场景可以为规划者提供一个实验和优化的平台。规划者可以在虚拟场景中设置不同的规划方案，通过计算机模拟技术评估其对城市生态环境的影响。例如，通过分析规划方案对城市绿地系统、水资源保护等方面的影响，规划者可以优化土地利用策略，提高生态系统服务。虚拟现实场景还可以为规划者提供一种快速验证和迭代的方法，提高规划方案的可行性和适应性。

2. 虚拟现实参与在城市生态规划中的应用

虚拟现实参与可以让市民更加直观地了解和参与城市生态规划的过程。具体而言，其应用主要体现在以下三个方面。

（1）增强公众参与。虚拟现实技术可以让市民和利益相关者在沉浸式的虚拟环境中体验和评估规划方案，更直观地了解其对生态环境的影响，以提高公众对生态规划的关注度和参与度。市民可以通过虚拟现实平台发表自己的意见和建议，为规划方案的评估和改进提供一手信息。公众参与度的提高有助于增强规划方案的社会可接受性，提高生态规划的实施效果。

（2）改进决策过程。虚拟现实参与可以为城市生态规划的决策过程提供更多维度的信息和观点。规划者可以根据市民在虚拟现实平台上的反馈，对规划方案进行评估和调整，进而提高规划方案的质量，更好地满足社会、经济和生态需求。虚拟现实参与还可以促进不同利益相关者之间的沟通和协作，为城市生态规划的多元化决策提供支持。

（3）提升规划透明度。虚拟现实参与可以提高城市生态规划的透明度和公信力。在虚拟现实平台上，市民可以随时查看规划方案的最新动态，了解规划实施的具体情况。规划透明度的提升有助于建立公众对城市生态规划的信任，降低规划实施过程中的社会风险。同时，虚拟现实参与还可以促使规划者更加注重规划过程的公开和公正，提高规划的专业性和责任感。

3. 虚拟现实教育和培训在城市生态规划中的应用

虚拟现实技术可以用于与城市生态规划相关的教育和培训中，具体而言，主要体现在以下三个方面。

（1）提高教学质量。借助虚拟现实技术，教育者可以创建沉浸式的虚拟环境，让学习者更加直观地了解城市生态规划的原理、方法和技术。通过模拟真实城市场景，学习者可以在虚拟环境中亲身体验生态规划的过程，提高学习效果。虚拟现实技术还可以实现个性化学习，让学习者根据自己的兴趣和需求选择不同的学习路径和内容，提高教学质量。

（2）培养实践能力。虚拟现实教育和培训可以帮助学习者提高实践能力。在虚拟现实环境中，学习者可以通过模拟规划项目来锻炼自己的实际操作能力。例如，学习者可以在虚拟场景中进行生态系统服务评估、土地利用规划、绿地系统设计等任务，提高自己的实践经验。这有助于培养具备实际操作能力的城市生态规划人才。

（3）提升培训效率。虚拟现实教育和培训可以大大提高城市生态规划人才培训的效率。与传统的面授培训相比，虚拟现实教育和培训可以实现远程学习，让学习者在任何时间、任何地点都可以参与培训。虚拟现实技术还可以通过智能分析和反馈，对学习者的学习进度和能力进行实时评估，为教育者提供个性化的培训建议，提高培训的效率和针对性，降低培训成本。

综上所述，地理信息系统（GIS）技术、大数据分析技术、人工智能（AI）技术和虚拟现实（AI）技术在城市生态规划中具有广泛的应用前景。这些技术可以帮助决策者更好地理解城市生态系统的结构和功能，从而制订出更加科学、合理的规划方案。同时，随着科技的发展，这些技术将不断完善和发展，为城市生态规划带来更多的机遇。

第四章　城市生态规划的路径

第一节　革新城市生态规划理念

一、城市规划者需要革新的理念

作为城市规划者，随着社会的发展，需要革新其规划理念，这样才能更有效地对城市进行生态规划。具体而言，城市规划者需要革新的理念包括可持续发展理念、生态理念、公众参与理念、科学决策理念、智能城市理念。

（一）可持续发展理念

可持续发展理念是对未来发展模式的一种全新思考理念，强调人类社会、经济和环境的协调和可持续发展，对城市生态规划具有极其重要的指导意义。可持续发展理念要求，在满足人们当前生活需要的同时，保证未来世代同样能够享有足够的资源和良好的环境，以满足他们的需求。这意味着城市规划者必须摒弃传统的以经济发展为中心的规划思路，采取一种全局和长远的视角，平衡经济发展、社会进步和环境保护的关系。在具体的城市生态规划实践中，可持续发展理念主要从以下几个方面体现。

1. 资源高效利用

在规划设计中，优先考虑使用可再生资源，尽可能减少对非再生资源的依赖，提高资源使用效率，实现经济和环境的"双赢"。

2. 环境友好设计

在城市布局、建筑设计、交通规划等方面，采取环保、低碳的设计理念和技术，减少城市活动对环境的负面影响。

3. 公平公正

在城市服务和设施的配置上，要考虑不同群体、区域的差异和需求，努力实现公平公正，提升城市的包容性和凝聚力。

4. 长期规划

在规划制定和执行过程中，要考虑未来变化的可能性和不确定性，制定出灵活、适应性强的规划，以应对未来的挑战。

可持续发展理念的实施，需要城市规划者具有前瞻性的视角，系统性的思维，以及对社会、经济、环境等多方面因素的深入理解和综合思考。只有这样，城市规划者才能制定出真正符合可持续发展理念的城市生态规划，推动城市绿色、健康、和谐发展。

（二）生态理念

生态理念是从生态学领域引申出来的一种理念，强调人与自然的和谐共生、生态系统的整体性和动态性。在城市生态规划中，生态理念具有重要的指导作用。生态理念要求大家把城市视为一个有机的、动态的生态系统，系统中的各个元素包括自然环境、社会经济、人类行为等，都是相互关联、相互影响的。因此，规划者在进行规划设计时，不能只关注某一部分或者某一时间点，而应考虑城市生态规划动态变化的全局。城市生态规划实践中的生态理念可以从以下几个方面体现。

1. 生态保护

保护和恢复城市的自然生态系统，如水体、森林、湿地等，维护城市生态功能，提高城市的生态稳定性和韧性。

2. 绿色基础设施

推动绿色基础设施建设，如绿色屋顶、雨水花园、生态廊道等，提高城市的生态服务功能，如减少洪水风险、净化空气、提供休闲空间等。

3. 生态友好的城市设计

采用生态友好的城市设计理念，如紧凑城市、混合功能区、步行友好设计等，降低城市对自然资源的消耗和对环境的破坏。

4. 生态教育和公众参与

通过生态教育和公众参与，提高公众的生态保护意识，促进公众的生态环保行为，形成人与自然和谐共生的生态文化。

实施生态理念，需要城市规划者有深厚的生态学理论知识，系统的思维方式，以及对人与自然关系的深刻理解。通过引入生态理念，城市规划者可以制定出更加科学、合理、有效的城市生态规划，实现城市的可持续发展。

（三）公众参与理念

公众参与理念是近年来在城市规划领域逐渐受到关注的一种新理念。该理念强调，公众是城市的主体，公众的需求和意愿应该在城市规划过程中得到充分反映与尊重。在城市生态规划中，公众参与不仅可以帮助规划者更准确地了解和满足公众的需求，提高规划的接受度和执行力，还可以通过引导公众参与，提高公众的环保意识和行动力，形成良好的环保氛围。具体来看，公众参与理念在城市生态规划中的体现，可以分为以下几个方面。

1. 提供信息和反馈

公众可以提供关于他们生活环境的一手信息，帮助规划者更准确地了解实际情况；公众也可以通过反馈，帮助规划者了解规划实施的效果，及时调整规划策略。

2. 参与决策

公众可以参与规划的决策过程，提出意见和建议，使规划更符合他们的需求和期望。

3. 执行和监督

公众可以参与规划的执行和监督过程，通过自身行动和声音，推动规划的实施，监督规划的执行。

实施公众参与理念，需要规划者具有开放的态度，良好的沟通能力，以及对公众需求的敏感度。通过引入公众参与，城市规划者可以让城市生态规划更贴近公众，更具实效性和普遍性，推动城市的可持续发展。

（四）科学决策理念

科学决策理念强调在城市生态规划过程中，规划者必须基于科学的证据和方法来制定和执行决策，而不是依赖于个人的主观意愿或者短期利益。这一理念要求规划者必须充分运用科学的知识和技术，进行全面、深入、精确地分析，才能做出最优的决策。具体来看，科学决策理念在城市生态规划中体现在以下几个方面。

1. 数据驱动

在制定规划时，规划者需要充分利用各种数据资源，如人口统计数据、环境监测数据、社区调查数据等数据资源进行详细的分析和研究，以便更准确地了解实际情况，更科学地预测未来趋势。

2. 方法论

规划者需要运用科学的方法和工具，如地理信息系统（GIS）、统计分析、模型模拟等辅助其进行决策。这些方法和工具可以帮助规划者更深入、更全面、更精确地了解问题，更科学地评估方案，更有效地执行规划。

3. 评估和反馈

规划者需要定期进行规划评估与反馈，检查规划实施的效果，评估规划取得的成果，以便及时调整规划策略，提高规划的效果。

实施科学决策理念，需要城市规划者具有科学的素养，掌握丰富的知识和技术，以及对数据和方法的敬畏。通过引入科学决策，城市规划者可以让城市生态规划更加精确、有效、可靠，推动城市的可持续发展。

（五）智能城市理念

智能城市理念强调利用先进的信息和通信技术，包括大数据、云计算、物联网、人工智能等，以提高城市管理与服务的效率和质量，以及提升城市的生态环境功能。这一理念对规划者提出了新的挑战，要求他们具备跨学科的知识和技能，能够利用新技术推动城市规划的创新和升级。具体来看，智能城市理念在城市生态规划中的体现，可以表现为以下几个方面。

1. 数据驱动决策

通过收集和分析大数据，规划者可以更深入地了解城市的实际情况，更准确地预测未来的趋势，从而做出更科学、更精确的决策。

2. 智能化的管理

通过利用云计算、物联网、人工智能等技术，规划者可以实现城市的智能化管理，提高城市服务的效率和质量，减少资源的浪费和环境的破坏。

3. 智能化的服务

通过利用新技术，规划者可以提供更个性化、更高效的城市服务，如智能交通、智能能源、智能环保等，提高公众的生活质量，增强城市的吸引力。

4. 公众参与

通过利用新技术，规划者可以推动公众的参与，提高公众的环保意识和行动力，形成良好的公众参与氛围。

实施智能城市理念，需要城市规划者具有创新思维，掌握先进技术，以及对社会、经济、环境的深刻理解。通过引入智能城市，规划者可以使城市生态规划更加科学、高效、可持续，推动城市的智能化、生态化发展。

二、促进城市规划者理念革新的策略

（一）自我教育和持续学习

1. 学习新的理念和知识

城市规划者要迎合时代的发展，必须通过各种途径持续学习，掌握新的城市生态规划理念和知识。其中，专业书籍、研究报告和学术论文是重要的学习资源。专业书籍通常会对一个领域或一个主题进行深入、全面的研究和阐述，可以提供系统性的知识和理论基础；研究报告和学术论文则可以提供最新的研究成果和发展动态，有助于规划者了解最新的理念和技术。例如，规划者可以通过阅读相关书籍和论文，学习和理解可持续发展的理念和方法，了解生态系统服务的价值和重要性，掌握生物多样性的保护策略，认识气候变化的影响和应对措施，理解社区参与的方式等。这些新的理念和知识可以为城市生态规划提供新的思路和方法，使规划更具前瞻性和科学性。学习新的理念和知识并非一蹴而就的事情，需要规划者有持之以恒的学习态度和乐于探索的精神。只有这样，才能在不断的学习和研究中，吸取新的知识，形成新的思维方式，提高规划的质量和水平。

2. 参加专业培训和研讨会

专业培训和研讨会是规划者更新知识、提高技能、交流思想的重要平台。这些活动由政府、学术机构或专业组织举办，邀请业内专家和学者进行讲解和分享，涵盖各种主题和问题，如新的规划理念、新的规划技术、新的规划案例、规划的政策环境、规划的社会影响等。参加这些活动，可以让规划者直接听取专家的见解和建议，了解行业的发展趋势和前沿问题，提高自身的专业素养和工作能力。同时，这也是规划者交流思想、分享经验、扩大视野、建立合作的好机会。参加专业培训和研讨会不仅能提高专业技能，也可以增强自信心，激发创新精神，促使规划者更加主动地寻求改变，追求卓越。这对于推动城市规划者的理念革新具有重要的作用。

3. 加强跨学科和跨领域的学习

城市生态规划是一个复杂的系统工程，涉及生态学、地理学、社会学、经济学等多个学科和领域。因此，规划者需要打破学科和领域的界限，进行跨学科和跨领域的学习，吸纳多元化的知识。比如，从生态学的角度，规划者需要了解和评估城市生态系统的结构和功能，掌握生态恢复和保护的方法，形成对城市生态环境的深刻理解。从地理学的角度，规划者需要掌握城市地貌、气候、水文等自然环境特征，理解城市发展的空间规律。从社会学的角度，规划者需要了解城市居民的需求和期望，研究社区组织和社会关系的动态，把握城市社会的发展趋势。从经济学的角度，规划者需要分析城市经济的发展状况和潜力，研究经济因素对城市规划的影响，制订经济可行的规划方案。跨学科和跨领域的学习可以使规划者的知识结构更加完整，提高规划的全面性和协同性，促进规划者的创新思维和创新能力。加强跨学科和跨领域学习对于推动城市规划者的理念革新，实现城市的可持续发展具有重要的意义。

（二）在实践中探索、学习和反思

1. 探索实践

规划者在实践中的探索，是推动规划理念革新的重要方式。

首先，表现在对于新的规划理念和方法的尝试中。在不断变化的城市环境中，新的问题和挑战层出不穷，传统的规划理念和方法可能无法有效应对。因此，规划者需要对新的理念和方法保持开放和接受的态度，敢于在实践中尝试和应用。这种探索性的实践，可以帮助规划者理解和掌握新的理念，发现其在实际应用中的优点和局限性，从而进行有针对性的学习和改进。

其次，探索实践也体现在对于新问题的发现和研究中。在具体的规划过程中，规划者需要关注城市的各个方面，包括人口、经济、环境、交通、文化等，发现并研究新的问题和挑战。这种探索性的研究，可以帮助规划者从实际出发，从多角度和多层次理解城市，提出具有针对性和前瞻性的规划方案。此外，这种研究也可以促进规划者和其他专业领域研究者的交流和合作，获取和引入新的知识和视角，进一步丰富和创新规划理念。

最后，探索实践还体现在对于新技术的利用中。随着科技的发展，大数据、人工智能、GIS 等新技术在城市规划中的应用越来越广泛。规划者需要掌握和利用这些新技术，提高规划的精度和效率，同时也需要关注这些技术的影响和挑战，如数据的安全性和隐私性、技术的公平性和可持续性等，从而在技术和规划之间找到合理的平衡，实现规划的科学性和公正性。

2. 学习实践

在实践中进行学习，是规划者革新理念、提升自我的重要手段。

学习实践体现为对新的规划理念和知识的学习。在学术研究和实践中，新的理念和知识不断涌现。规划者需要通过阅读、研讨、讲座等方式，关注和学习这些新的理念和知识，尤其是关于可持续性、生态性、公平性等当代城市生态规划面临的重要议题。对新的规划理念和知识的学习可以帮助规划者了解最新的研究成果和发展趋势，开阔视野，提升创新思维。

学习实践还体现在对其他领域的学习。城市生态规划是一个跨领域的工作，涉及经济、社会、环境、科技等多个方面。规划者需要跨出自己的专业领域，学习和理解其他领域的知识和视角，以便更全面深入地理解城市，更科学合理地进行规划。跨领域学习可以通过多种方式进行，例如参加交叉学科的讲座和研讨会，阅读跨领域的文献和报告，与其他领域的专家和研究者进行交流和合作等。

3. 反思实践

反思实践也是城市规划者理念革新的重要手段。通过反思，规划者可以检视自己的规划理念和方法是否与实际相符，是否能够有效解决问题，从而进行有针对性的调整和改进。

首先，反思可以帮助规划者认识自己的偏见和局限。每个人都有自己的视角和立场，这可能影响人们对于问题的理解和判断。通过反思，规划者可以发现自己的偏见和局限，尝试从不同的视角和立场看问题，更全面和深入地理解城市生态规划。

其次，反思可以帮助规划者检验和评估自己的规划理念和方法。在实践中，规划者可以直接观察和体验规划理念和方法的效果，了解其优点和不足，从而进行有针对性的学习和改进。例如，规划者可以反思自己的规划是否真正考虑到了所有相关因素，如地理条件、经济状况、社会需求等；是否真正实现了公平、可持续和包容性等价值观；是否有效提高了城市的生活质量和环境质量等。

最后，反思也可以促进规划者的个人成长和专业发展。通过反思，规划者不仅可以了解自己的知识和技能的强弱点，还可以发现自己的兴趣和热情，明确自己的职业目标和发展方向。同时，反思也可以帮助规划者建立和维护自己的职业道德和责任感，成为一个更专业和更负责任的规划者。

（三）交流和合作

1. 与同行交流

城市规划者的思想创新和知识更新，离不开与同行的交流和学习。

118

专业会议、研讨会等活动，提供了与同行交流的平台。在这些活动中，规划者可以分享自己的工作经验和理念，也可以倾听他人的观点和建议，通过相互学习，提高自己的专业素养和创新能力。同行交流的价值不仅在于知识和信息的交换，更在于思想的碰撞和观念的冲击。通过与不同背景、不同视角的同行交流，规划者可以拓宽视野，开阔思维，更深入地理解和认识城市生态规划的复杂性和多元性。这对于推动规划者的理念革新，提高规划的科学性和实效性具有重要的作用。

2. 与其他领域专家合作

城市生态规划是一个跨学科的领域，涉及多种专业知识和技术。因此，与其他领域的专家合作，是规划者获取新知识、解决复杂问题的重要途径。例如，规划者可以与生态学家合作，共同研究城市生态系统的结构和功能，制定有效的生态保护和恢复策略；可以与地理学家合作，全面理解城市的自然环境和地理特征，优化城市的空间布局；可以与社会学家合作，深入了解城市社区的需求和动态，促进社区的参与和共享；可以与经济学家合作，评估城市发展的经济效益和社会效益，提高规划的经济可行性。与其他领域的专家合作，规划者可以学习和借鉴其他领域的理论和方法，开拓自己的思维，革新自己的理念，创新自己的工作，进而提高规划的科学性和实效性。

3. 与公众和社区合作

与公众和社区合作，是推动城市生态规划实施的重要策略，也是促进规划者理念革新的重要途径。通过与公众和社区的沟通和合作，规划者可以更深入地理解城市生态的复杂性和多元性，更全面地认识规划的社会性和公共性，从而提高规划的质量和影响力。因此，规划者应主动与公众和社区进行沟通和合作，充分调动他们的积极性和创造性，共同推动城市生态规划的实施。规划者可以通过公开讲座、工作坊、咨询会等方式，向公众和社区传递城市生态规划的理念和知识，提高他们的环保意识和参与意愿。在这一过程中，规划者应积极听取他们的意见和建议，了解他们的需求和期望，使规划更贴近实际，更符合公众的利益。此外，规划者还可以将公众和社区纳入规划的决策和实施过程，让他们成为规划的合作者和推动者。例如，可以邀请公众参与规划的设计和评估，可以与社区合作开展绿化植树、环保清理等活动，可以设立社区规划委员会，让社区成员参与规划的管理和监督。通过这些方式，不仅可以提高规划的实施效率和效果，也可以增强公众的归属感和满意度。

第二节　完善城市生态规划机制

一、建立科学的城市生态规划决策机制

城市生态规划的决策机制对于城市发展的可持续性至关重要。由于城市生态系统的复杂性和动态性，决策过程需要基于科学的数据和研究。为此，城市需要建立一个科学的城市生态规划决策机制。该机制具体包括以下四项内容。

（一）数据收集和分析系统

数据收集和分析系统是科学决策的基础。在城市生态规划中，数据的重要性无法忽视。数据可以提供对城市环境、社会、经济等方面的深入了解，帮助规划者识别问题，评估解决方案的可能效果，制定科学的决策。城市生态规划涉及的数据类型繁多，包括自然环境数据（如气候、地形、生物多样性等）、社会经济数据（如人口、经济发展、资源利用等）、基础设施数据（如交通、供水、排污等）等。因此，建立一个全面的数据收集系统是至关重要的。

数据收集和分析系统应包括定期的数据收集，以及在必要时进行特殊调查的能力。数据收集也应尽可能地覆盖城市的所有区域，以便了解

城市的整体情况。在数据分析上，需要运用科学的方法，如统计分析、系统动力学、GIS 等，将收集到的数据转化为有用的信息。这需要建立一个专门的数据分析团队，他们具有足够的技术能力和知识，能够处理复杂的数据，提取有价值的信息。数据收集和分析系统应具有足够的开放性。这意味着系统应能接收和处理来自各方的数据和信息，包括政府、企业、社区、科研机构等。开放性也意味着系统应公开透明，让公众和各利益相关者了解数据收集和分析的过程和结果，增加决策的可信度和接受度。

（二）问题识别和研究机制

问题识别和研究机制是科学决策的另一个重要环节。在城市生态规划中，需要识别和研究各种问题，例如，环境污染、资源过度开发、生态系统退化、社区满意度降低等。识别和研究这些问题需要深入分析数据，理解问题的根源，评估问题的影响，提出可能的解决方案。建立问题识别和研究机制需要建设一支专业的团队，通过团队的专业知识力量，理解和处理复杂的问题。同时，这个机制也需要有一套科学的方法，例如系统分析、风险评估、决策树等，帮助团队识别和研究问题。问题识别和研究机制应具有开放性和透明性。开放性意味着机制能够接收和处理来自各方的问题和建议，包括政府、企业、社区、科研机构等。这有利于把握问题的全貌，增加决策的全面性和实效性。透明性则意味着问题识别和研究的过程和结果应该对公众和各利益相关者开放，以增加决策的可信度和接受度。

（三）方案制订和评估机制

方案制订和评估机制是科学决策的核心环节。在城市生态规划中，需要针对问题制订解决方案，并进行科学的评估。方案制订涉及方案的设计、模拟、比较、选择和修订等环节。方案制订离不开团队的创新思维和专业知识。团队需要基于问题的特性和环境的变化，设计出切实可行的解决方案。方案制订也需要公众和各利益相关者的参与，他们的经验和观点可以增加方案的实效性和接受度。方案评估则需要运用科学的方法，如成本效益分析、风险评估、模拟模型等，对不同的方案进行比较和选择。方案评估需要有一个专门的评估团队，利用其专业技术和知识能力公正、公开地进行评估。方案制订和评估机制应具有足够的灵活性。这意味着机制能够根据问题的特性和环境的变化进行调整和优化，以确保方案的有效性和及时性。

（四）决策制定和执行机制

决策制定和执行机制是科学决策的最后环节。在城市生态规划中，需要将选定的方案转化为具体的决策和行动。这涉及决策的制定、公示、反馈、修订和执行等环节。决策制定需要有一个专门的决策团队，决策团队基于问题研究的结果和方案评估的结果，制定出科学、公正的决策。决策制定也需要公众和各利益相关者的参与，他们的反馈可以增加决策的接受度。决策执行需要有一个专门的执行团队，执行团队负责将决策转化为具体的行动，并监控执行的过程和效果。执行团队应有足够的权力和资源，以确保决策的有效实施。

决策制定和执行机制应具有足够的公正性和公开性。公正性意味着决策应基于科学的数据和研究，不受个人或团体的特殊利益影响。公开性则意味着决策制定和执行的过程和结果应对公众和各利益相关者开放，以增加决策的可信度和接受度。

以上四项内容相互联系，共同支撑着城市生态规划决策的科学性和有效性。当然，决策机制的建立和运行离不开人力、资金、时间等资源的大量投入，离不开政府、社会、公众等各方的支持和参与。同时，决策机制应该公开透明，能够接受公众和专家的监督和评议。规划者也应该主动公开决策的过程和结果，听取各方的意见和建议，持续改进决策的质量和效果。

二、建立有效的利益相关者参与机制

城市生态规划影响着城市的每一个角落，涉及众多的利益相关者，包括政府、企业、居民、非政府组织、科研机构等。有效的利益相关者参与机制，不仅可以促进决策的全面性和合理性，还可以增加决策的接受度和实施效率。为此，需要建立一个有效的利益相关者参与机制。该机制的建立主要包括以下几项内容。

（一）利益相关者识别

利益相关者识别是建立参与机制的关键内容，也是一个持续进行的过程，因为城市生态环境的各种变化可能会引入新的利益相关者。所谓利益相关者，指所有可能影响或被影响的组织和个人。这些影响可能是直接的，也可能是间接的；可能是现在的，也可能是未来的；可能是明显的，也可能是隐含的。在识别利益相关者时，需要考虑各种可能的情况，尽量做到全面和深入。此外，在利益相关者识别过程中，还需要考虑社会经济活动的多样性和动态性。例如，随着城市的发展，新的社会群体、产业、技术相继出现，并逐渐成为社会经济活动中的新的利益相关者。因此，规划者需要有足够的灵活性，随时调整和更新利益相关者名单。

（二）利益相关者沟通

有效的沟通也是建立利益相关者参与机制的关键内容。规划者通过各种方式和渠道，与利益相关者进行沟通，了解他们的需求、期望和担忧，尊重他们的观点和建议，积极回应他们的疑问和反馈。具体的沟通方式和渠道可以根据利益相关者的特性和状况进行选择。例如，对于地理位置相近、互动频繁的利益相关者，规划者可以选择面对面的会议、访谈等直接的沟通方式；对于地理位置较远、互动不足的利益相关者，规划者可以选择电话、邮件、网络等间接的沟通方式。在沟通过程中，要保证沟通过程的公开性和透明性，保证信息的真实性和可信度。

（三）利益相关者参与

利益相关者的参与不仅可以增加决策的公正性和合理性，还可以增加决策的接受度和执行效率。规划者需要制订出具体的参与计划和方法，鼓励和引导利益相关者参与决策的各个环节。包括问题识别、方案制订、决策制定和执行等。在这个过程中，要保证公平性，确保每个利益相关者都有平等的参与机会，尊重每个利益相关者的权利和利益，避免任何形式的歧视和压迫。

（四）利益相关者反馈

参与的过程并不会在决策实施后就结束，收集和处理利益相关者的反馈是一个必不可少的环节。反馈可以为决策者提供关于决策效果的信息，同时也能增加利益相关者对决策过程的信任度。为了有效地收集反馈，规划者需要构建一个开放而便捷的反馈渠道，如在线调查、公开热线、社区会议等。这些渠道应该尽可能覆盖所有利益相关者，确保他们能够方便地表达自己的观点和感受。

相对构建反馈渠道而言，处理反馈也同样重要。处理反馈包括对反馈的记录、分类、分析，以及根据反馈进行改进等。当出现负面反馈时，决策者需要有快速且恰当的应对策略，避免问题的扩大化。在整个反馈过程中，保持透明度是关键，决策者需要向利益相关者说明反馈的处理结果，以及可能对决策产生的影响。这样不仅可以增加决策的可接受度，也能进一步提高利益相关者的参与度。

三、建立持续的城市生态监测和评估机制

城市生态规划的成功实施离不开一套持续的城市生态监测和评估机

制，它能够确保规划目标的实现和持续改进。具体而言，建立持续的城市生态监测和评估机制主要包括以下几个关键步骤。

（一）监测网络建设

建立一个全面的城市生态监测网络，首先需要对城市生态环境进行全面和深入的了解。这包括城市的自然环境，如气候、地形、土壤、水资源等；城市的生物环境，如植被、野生动物、微生物等；城市的人文环境，如人口、经济、文化、生活方式等。通过对这些环境因素的综合考虑，确定出需要监测的关键生态指标。

其次，需要规划者设计出监测网络的结构和布局。监测网络结构和布局的设计需要考虑城市生态系统的空间分布和时间变化。例如，需要在城市的各个区域，包括城区、郊区、公园、水体、工业区等，设置监测站点；需要在不同的时间，如白天、夜晚、极端天气等进行监测。同时，也需要利用现代化的监测技术，如遥感、物联网、大数据等，提高监测的及时性和准确性。

最后，需要建立高效的监测网络运行和维护机制。该机制主要包括监测设备的安装、调试、维护、更新等。监测网络运行和维护机制须具备监测数据的采集、传输、备份、恢复，监测人员的培训、考核、激励、换岗等功能。该机制要有足够的灵活性和适应性，以应对城市生态环境的变化和监测技术的变化。

（二）数据管理和分析

在建立了监测网络之后，一个有效的数据管理和分析系统的设立变得至关重要。数据管理系统的角色在于收集、存储、处理和分析众多的监测数据。实现这一目标需要管理者运用最新的数据库技术和计算机技术，包括但不限于云计算、大数据和人工智能等。为保证数据的准确性和可靠性，还需设立严格的数据质量管理制度，其中包含数据的校验、清洗、统一和保护等环节。

此外，构建科学的数据分析系统也是至关重要的一步。这一过程中，规划者需要运用复杂的分析模型和算法，如统计学、系统分析、预测模型等，以便将海量的原始数据转化为实用的信息，以揭示数据背后的生态规律和趋势。与此同时，规划者也需要构建一个有效的数据报告和可视化机制，例如，图表、地图和仪表板等，这样决策者和公众便能更好地理解和运用分析结果。

（三）评估模型和方法

数据分析完成之后，科学的评估模型和方法被用来将分析结果转化为对城市生态环境的具体评估。为此，规划者需要建立一个全面的生态评估模型，这个模型需要能够综合考虑各种环境因素和社会经济因素。利用复杂的系统分析和多目标优化理论，帮助规划者确定出评估的指标、权重和方法。与此同时，也需要有一套动态的模型调整机制，以便根据环境变化和社会需求进行模型的更新和优化。

除上述步骤外，规划者还需确立一套科学的评估方法，以便将模型应用到具体的评估过程中。评估方法需要覆盖数据的采集、处理、分析、解释等各个环节。在这个过程中，规划者需要充分运用专业知识和经验，正确理解和运用模型，避免误解和偏见。同时，也需要有一套严格的评估质量管理制度，包括评估的规范、监督、审计、反馈等环节，以确保评估的公正性和公信力。

（四）评估结果的应用和反馈

评估结果通过有效的应用和反馈机制，被转化为城市生态规划和管理的实际行动。在这个过程中，规划者需要建立一个高效的评估结果传递机制，这包括评估结果的报告、发布、解释和讨论等环节。要清晰、准确、及时地将评估结果传递给决策者和公众，需要规划者具备充足的沟通技巧和媒介资源。

此外，建立一个有效的评估结果反馈机制也是至关重要的一环。这个机制包括反馈的收集、处理、回应和追踪等环节。在此过程中，规划者需要保持足够的开放性和透明性，以接收和尊重各方的反馈，无论这些反馈是正面的赞扬还是负面的批评。同时，规划者还需要有足够的责任感和勇气，能够根据反馈进行自我反省和改进，以此不断提高评估的质量和效果。

四、建立城市生态补偿机制

城市生态补偿机制是一种保护城市生态环境、促进城市可持续发展的重要机制。通过对生态破坏行为的经济处罚和对生态保护行为的经济奖励，鼓励所有利益相关者参与到城市生态保护中来。建立有效的城市生态补偿机制，需要考虑以下几项重要内容。

（一）生态价值评估

生态价值评估是建立城市生态补偿机制的第一步。这涉及对城市生态系统中的各个组成部分进行科学、系统的评估，包括水资源、空气质量、土壤健康、生物多样性等。评估的目标不仅是确定其当前的状态，还包括评估其对城市生态系统的总体贡献，以及未来的潜力和威胁。评估应考虑生态系统的直接和间接价值。直接价值包括资源的使用价值，如水、空气和土壤中的物质资源等。间接价值则涵盖了生态系统提供的各种服务，如气候调节、水源涵养、环境美化等。评估生态系统的直接和间接价值，需要采用多学科的方法，结合生态学、经济学、社会学等多领域的知识，进行全面、深入的评估。

（二）生态补偿标准

生态补偿标准是城市生态补偿机制的核心。它决定了对生态破坏行为的处罚程度，以及对生态保护行为的奖励程度。在设定生态补偿标准时，需要考虑到生态价值、社会公平、经济效益等多方面的因素。

1. 生态价值是生态补偿标准的主要依据

生态补偿标准应与生态价值相对应，即对生态系统造成的损害越大，应支付的补偿费用越高；对生态系统的保护贡献越大，应得到的奖励越多。这是补偿机制的基本原则，也是保证补偿机制公正性的重要手段。

2. 社会公平是生态补偿标准的重要考虑因素

生态补偿标准应尽可能地考虑到各利益相关者的利益，避免造成社会不公。例如，对于贫困地区，可能需要设定更低的生态补偿标准，以减轻其经济负担，促进社会公平。同时，对于对生态环境保护做出了重大贡献的个人或团体，也应给予适当的奖励，以体现社会公平。

3. 经济效益也是生态补偿标准设定的重要考量

生态补偿标准应在尽可能减少社会总成本的前提下，达到生态保护的目标。这需要科学的方法和技术，如成本效益分析、风险分析等，来帮助规划者设定出最优的生态补偿标准。

（三）生态补偿实施

生态补偿的实施会直接影响到补偿机制的效果。实施补偿政策需要一套有效的制度和程序，包括处罚生态破坏行为的制度，奖励生态保护行为的程序等。对于生态破坏行为，规划者需要有严格的处罚制度，包括对破坏行为的发现、调查、裁决、执行等全过程的规定。这需要强大的行政力量，完善的法律制度，高效的执法机构等多种因素的共同作用。同时，还需要公众的参与和监督，以保证制度的有效执行。对于生态保护行为，规划者需要有具体的奖励程序，包括对保护行为的申报、审核、批准、支付等全过程的规定。这需要有公正的审批机构，透明的审批程序，足够的资金支持等多种因素的共同作用。同时，也需要公众的参与和监督，以保证程序的公正实行。

（四）生态补偿效果

补偿效果的评估是补偿机制的检验。评估补偿效果主要通过对生态环境的改善与恢复情况的评估和对社会经济的影响情况的评估两方面体现。针对生态环境的改善与恢复情况的评估，规划者可以通过对水质、空气质量、土壤质量等环境指标的监测，评估生态环境的改善情况。还可以通过对生物多样性、生态系统服务等生态指标的监测，评估生态环境的恢复情况。针对社会经济的影响情况的评估，规划者可以通过对生态产业的发展、社区就业的增加、公众满意度的提升等社会经济指标的评估，来了解补偿政策对社会经济的影响。例如，生态补偿政策可能会刺激生态产业的发展，为社区创造更多的就业机会，提高公众的生活质量和满意度。相反，社会经济的变化也可能影响生态环境，形成良性的循环。评估补偿效果不仅可以帮助规划者了解补偿政策的实际效果，也可以帮助规划者优化补偿政策，提高政策的效率和效果。通过定期的评估，规划者可以发现政策的问题和不足，及时调整和改进政策，实现更好地服务于城市生态保护的目标。

五、建立灵活的城市生态规划调整机制

城市生态规划是一项长期且复杂的任务，涉及许多不确定性和变量。随着时间的推移，城市的自然环境、社会经济、技术条件、法律政策等都可能发生变化，这些变化可能会对规划目标和方案产生影响。因此，规划者需要建立一个灵活的城市生态规划调整机制，以应对各种变化和挑战。以下是建立灵活的城市生态规划调整机制的几个关键步骤。

（一）建立全面的信息收集和分析系统

在建立灵活的城市生态规划调整机制的过程中，首要步骤是建立全面的信息收集和分析系统。信息收集和分析系统是决策过程中的关键环节，能为规划者提供有关环境、社会和经济变化的重要数据和信息。全

面的信息收集要求规划者从多个角度和层面关注城市的变化。主要包括自然环境的变化，例如，气候条件、生态系统的健康状态、物种多样性等；社会经济的变化，例如，人口结构、就业情况、经济增长等；技术条件的变化，例如，新的建筑技术、新的交通技术等；法律政策的变化，例如，新的环保法律、新的城市规划政策、新的土地使用政策等。而获取上述角度和层面的城市信息则需要利用各种手段和渠道去实现，包括政府工作报告、科学研究、社会调查、公众意见等。信息分析需要运用科学的方法和模型，将收集的信息转化为有用的知识和判断。信息分析工作的进行需要规划者掌握和运用一系列的分析工具，例如，统计学、系统分析、情景模拟、风险评估等。同时，信息分析也需要规划者具备批判性思维，能够识别和处理信息的偏差和误差，避免因为错误的信息导致错误的决策。

（二）建立动态的规划目标和方案评估机制

信息收集和分析的结果，需要通过评估机制来验证和应用。评估机制是调整机制的关键，可以帮助规划者了解规划目标和方案在实际操作中的效果，以及在新的情况下的适应性。规划目标和方案的评估需要考虑多个方面。一方面，需要评估其是否达到了预期的效果。主要包括对环境的影响，例如，是否改善了空气质量、是否保护了生物多样性、是否减少了污染排放等；对社会的影响，例如，是否改善了居民的生活质量、是否提高了就业机会、是否增强了社区凝聚力等；对经济的影响，例如，是否提高了经济效益、是否促进了产业升级、是否增加了税收收入等。另一方面，需要评估其在新的情况下的适应性。主要包括对新的环境变化的适应性，例如，气候变化、生态退化等；对新的社会经济条件的适应性，例如，人口增长、经济危机等；对新的技术条件的适应性，例如，新能源技术、智能城市技术等；对新的法律政策的适应性，例如，新的环保法律、新的城市规划政策等。

（三）建立科学的规划目标和方案调整机制

在规划目标和方案的评估基础上，规划者可以进行规划目标和方案的调整。调整是为了使规划目标和方案更好地适应新的情况，更好地满足当前的需求。因此，调整需要遵循科学的原则，不能随意或频繁进行。规划目标的调整，包括调整目标的优先级，例如，将原来的次要目标提升为主要目标；添加新的目标，例如，在面对新的环境挑战时，添加新的环保目标。规划方案的调整，包括调整方案的内容，例如，将原来的方案修改为更环保或者更经济的方案；调整方案的顺序，例如，将原来的长期方案提前为短期方案。规划目标和方案的调整，需要依据评估结果和新的信息分析结果，需要经过严谨的思考和讨论，需要考虑到各种可能的影响和后果。同时，调整也需要考虑到公众和利益相关者的意见和需求，需要通过公开和透明的方式进行。

（四）建立公开透明的调整过程和结果公示机制

为了保证调整的公正性和公信力，规划者需要将调整过程和结果进行公开和公示。公开的调整过程可以增加公众和各利益相关方对调整决策的理解和接受度。公众和各利益相关方有权了解调整的原因、过程和结果，这样才能保证他们的利益不受损害，也能够增加他们对调整决策的信任和支持。公开的过程也有利于接收各方面的反馈和建议，从而提高调整决策的质量和有效性。公示的调整结果可以让公众和各利益相关方了解调整的具体内容和影响。公示的内容包括调整后的规划目标和方案，例如，新的环保目标、新的城市规划方案等；调整的影响评估，例如，对环境的影响、对社会的影响、对经济的影响等。公示的结果可以帮助公众和各利益相关方理解和适应新的规划目标和方案，也可以让他们了解和评价调整的影响。

六、建立健全的城市生态规划法规制度

城市生态规划的目标和实践需要一个强大、健全的法规制度作为支撑。法规制度不仅是规划实践的基础，也是规划实施的保障。下面笔者将从以下四个方面详细论述如何建立健全城市生态规划法规制度。

（一）制定全面的城市生态规划法规

全面的城市生态规划法规是城市生态规划的基石，提供了城市生态规划的指导原则和行动框架。法规应包括规划的制定、实施、监督、评估和调整等各个环节，并对每个环节的目标、原则、程序、标准和方法做出明确规定。这样做可以确保所有参与者都有相同的参考标准，并为规划的成功实施提供必要的保障。此外，法规还应规定各个环节的责任主体、主体享有的权利和应负的义务、监督机制等，为规划实施提供强有力的保障。这个过程需要规划者深入研究城市生态系统的特性，借鉴国内外的先进经验，吸纳各方的意见和建议，以确保法规的科学性、前瞻性和实用性。同时，规划者也需要注意法规的可操作性，确保法规的具体规定能够在实际中得到有效执行。

（二）强化城市生态规划法规的执行

有了全面的法规，接下来的挑战是如何确保法规的有效执行。规划者需要对法规进行广泛的宣传和教育，提高公众的法治意识和执行意识。同时，规划者需要建立一个有效的法规执行机制，包括定期的监督检查、严厉的违法处罚、公正的纠纷解决等。这个机制不仅要对政府部门进行监督，也要对企业、公众等进行监督。此外，规划者还需要提高各方面的执行能力，包括政府部门的管理能力、企业的合规能力、公众的监督能力等。这个过程需要规划者注重机制建设，提高执行效率，也需要公众注重能力提升，提高执行效果。

（三）完善城市生态规划法规的修订

城市生态规划是一个动态的过程，法规也需要随着实践的变化和进步进行调整和完善。首先，规划者需要定期对法规进行评估，了解法规的执行情况，发现法规的不足和问题。其次，规划者需要广泛征集修订建议，吸纳各方的意见和建议。最后，规划者需要制订修订方案，对法规进行调整和完善。整个过程需要规划者注重信息收集，确保修订的科学性，也需要规划者注重公众参与，确保修订的公正性。

（四）促进城市生态规划法规的协同

城市生态规划涉及众多的领域和部门，因此，法规的制定和实施需要实现跨领域、跨部门的协同。首先，规划者需要在法规制定阶段就建立跨领域、跨部门的沟通机制，确保各领域、各部门的需求和观点都能得到充分的考虑和反映。其次，规划者需要在法规实施阶段建立跨领域、跨部门的协调机制，确保各领域、各部门的行动能够相互支持，共同推进城市生态规划的实施。此外，规划者还需要建立法规的互动协商、冲突调解、资源共享等协同机制，以提高法规的一致性和协调性。这个过程需要规划者注重合作精神，克服部门利益和领域壁垒，同时也需要规划者注重系统思维，全面考虑和平衡各方的利益。

七、建立城市生态规划协同机制

城市生态规划是一个跨领域、跨部门、跨层级的复杂过程，涉及政策制定、资源配置、项目实施等多个环节，需要各个参与者之间的紧密协同。建立城市生态规划协同机制，是提高规划效率、优化规划效果的关键。协同机制的建立主要包括以下几个方面。

（一）制度协同

制度协同是协同工作的基础和保障，有利于形成各部门、各级别之间的高效运作模式。通过制度协同，可以明确各方的职责和权利，制定统一的工作规范和流程，确保各项工作的顺利进行。同时，制度协同还可以避免重复劳动和资源浪费，提高工作效率。实现制度协同需要注意以下几点。

第一，制度协同的实现需要有明确的规章制度。这些规章制度应详细地界定各部门、各级别的职责和权利，确保各方在规定的范围内开展工作。同时，这些规章制度还应包含对协同工作的具体要求，如信息共享、工作沟通等，以便于各方按照统一的标准和流程进行工作。

第二，制度协同需要有效的监督和考核机制。这种机制应包含对各方工作的定期检查和评估，以确保各方按照规定的要求和标准进行工作。同时，这种机制还应包含对违反规定的严厉处罚，以避免各方因为私利而破坏协同工作。

第三，制度协同需要有灵活的调整和优化机制。这种机制应包含对制度效果的定期评估和反馈，以发现制度的不足和问题。同时，这种机制还应包含对制度的调整和优化，以便于根据实际情况和需求，及时改进和优化制度。

（二）信息协同

信息协同是协同工作的核心和关键，是实现有效协同的基础。通过信息协同，可以实现信息的高效传递和共享，避免信息的重复和遗漏，提高信息的利用效率。实现信息协同应注意以下几点。

第一，信息协同的实现需要全面收集和整理信息。这需要各方按照统一的标准和格式，收集和整理各类信息，以便于信息的传递和共享。同时，还需要各方对信息进行定期更新和校验，以确保信息的准确性和有效性。

第二，信息协同需要有效的信息共享和传递机制。这需要有专门的信息平台和工具，如数据库、云存储、信息管理系统等，以便于信息的

存储和检索。信息共享和传递还需要有专门的信息渠道和方式，如会议、报告、邮件等，以便于信息的传递和交流

第三，信息协同需要严格保护信息安全和隐私。这需要有专门的信息安全机制和措施，如加密、备份、访问控制等，以防止信息的泄露和丢失。同时，还需要有专门的隐私保护规定和措施，如匿名化、授权访问等，以保护个人和机构的隐私。

（三）行动协同

行动协同是协同工作的实质和目标，是实现有效协同的关键。通过行动协同，可以实现各方的高效配合与协作，避免行动的冲突和矛盾，提高行动的效果和效率。实现行动协同需注意以下几点。

第一，行动协同的实现需要有明确的行动计划和目标。各方要按照统一的计划和目标，制定和执行各项行动，以保证行动的一致性和协调性。各方还需要对行动计划和目标进行定期的检查和调整，以适应变化的情况和需求。

第二，行动协同的实现还需要进行有效的行动协调和管理。应有专门的行动协调机构和人员，如项目组、协调员等进行协调管理，以规范各方行动。行动协调管理过程中，还需要运用专门的行动管理工具和方法，如项目管理软件、会议管理方法等，以便于行动的控制和监督。

第三，行动协同的实现还需要进行及时的行动反馈和评估。这需要有专门的反馈和评估机制，如满意度调查、效果评估等，以获取和了解各方的反馈和评价。同时，这还需要有专门的反馈处理和评估改进机制，如问题处理、改进措施等，以便于根据反馈和评估，改进和优化行动。

（四）反馈协同

反馈协同是协同工作的保障和优化，有利于提高协同的质量和效果。通过反馈协同，可以实现各方的有效沟通和理解，避免误解和冲突，提

高协同的满意度和效果。实现反馈协同需要注意以下几点。

第一，反馈协同的实现需要全面收集和处理反馈信息。这需要有专门的反馈机制和渠道，如满意度调查、问题反馈等，以便于收集和处理各方的反馈。反馈信息的收集和处理还需要有专门的反馈处理机制和措施，如问题处理、改进措施等，以便于根据反馈进行改进和优化。

第二，反馈协同的实现还需要进行有效的再分析和评估体系。要有专门的分析评估工具和方法，如数据分析、效果评估等，以便于对反馈进行深入的分析和评估。同时，还需要有专门的反馈报告和讨论，如反馈报告、反馈会议等，以便于各方对反馈的了解和交流。

第三，反馈协同的实现还需要进行及时的再反馈和改进。要有专门的再反馈机制和渠道，如改进建议、反馈回复等，以便进行再次反馈和改进。同时，还需要有专门的反馈改进机制和措施，如改进计划、改进行动等，以便再反馈机制的反馈和改进，提高协同的质量和效果。

第三节　关注城市专项规划

城市生态规划是将城市看作一个整体进行的生态系统规划，在对城市进行整体性的生态系统规划的同时，也不能忽视了专项规划的重要性。

关注城市专项规划是城市生态规划的重要组成部分。城市综合交通规划、城市绿地规划、城市综合防灾减灾规划、城市工程设施规划等都是从专门的、特定的角度来保护和改善城市生态环境，为实现城市可持续发展提供了有力支撑。因此，在进行城市生态规划时，规划者需要综合考虑这些专项规划，以实现城市生态环境的全面保护和改善。

一、城市综合交通规划

（一）城市综合交通规划的概念

城市综合交通规划是指在城市发展战略和城市总体规划的指导下，对城市交通运输系统进行科学的、全面的、统筹的和长远的规划。它包括了城市的公路、铁路、航空、水运等多种交通方式，以及与之相关的基础设施、服务设施、管理机制等。

（二）城市综合交通规划的意义

在城市发展过程中，城市综合交通规划在道路和交通管理方面具有重要的意义。具体体现在以下几个方面。

1. 提升道路使用效率

城市综合交通规划可以优化道路网络结构，合理配置道路资源，提高道路使用效率；可以引导合理的交通流量分布，减轻道路拥堵，实现道路资源的最大化利用。例如，城市综合交通规划可以通过设置合理的道路等级和交通路网，使各类道路的功能得以发挥，为城市居民提供更便捷的出行方式。

2. 改善交通环境

城市综合交通规划可以规划和建设更多的公共交通设施，鼓励人们使用公共交通，减少私家车的使用，从而减少交通排放，改善城市环境。同时，通过规划绿色交通系统，如自行车道和步行道，可以提供更多的健康、环保的出行方式，提高城市的生活质量。

3. 保障交通安全

城市综合交通规划可以通过合理的道路设计和交通管理措施，如设置适当的车道宽度、行车速度以及进行合理的路口设计等，有效减少交通事故，保障公众的出行安全。同时，通过对交通信号灯、交通标志的科学设置，提高交通秩序，提升公众的道路使用体验。

（三）城市综合交通规划的主要内容

城市综合交通规划涵盖多个方面的内容，以下是其中的一些主要内容。

1. 交通网络规划

交通网络规划包括对城市的主次干道、支路和街区道路进行规划，以实现道路网络的最优化。这涉及对道路网格的设计、道路宽度、道路材料、道路照明、交通信号设备等方面的规划。这些规划必须基于对城市交通流量、交通需求、交通安全等因素的综合考虑，以实现最佳的道路网络布局。

2. 公共交通规划

城市综合交通规划需要对公共交通设施进行全面规划，包括公交、地铁、火车、出租车等各种公共交通工具的布局和运行策略。公共交通规划应该考虑到公共交通工具的载客量、运行频率、站点设置、票价政策等因素，以满足不同社区和人群的出行需求。

3. 非机动车和步行交通规划

除了机动车辆，城市交通还包括自行车、电动车、步行等非机动出行方式。城市综合交通规划需要进行合理的自行车道、步行道路规划，以提供安全、便利的非机动出行环境。非机动车和步行交通规划应该考虑非机动出行方式的安全性、便利性、环保性等因素。

4. 交通设施规划

交通设施规划包括交通枢纽、停车场、充电站等交通设施的规划。这些设施的规划应该满足城市交通运行的需求，同时也要考虑城市的空间布局、城市美观、环境保护等因素。

总的来说，城市综合交通规划的内容是多元的，涵盖了从交通网络、公共交通、非机动交通到交通设施等多个方面，需要根据城市的实际情况和未来发展目标进行综合考虑和规划。

（四）城市综合交通规划的程序

城市综合交通规划的程序是一个涉及多个步骤的过程，而且在整个过程中都需要考虑交通规划的特性。下面是城市综合交通规划的基本步骤。

1. 前期调研与数据收集

前期调研与数据收集是城市综合交通规划的基础。这一阶段，需要对城市的现有交通状况、交通需求、交通设施、交通管理等进行全面调研，收集相关的数据和信息。同时，也需要对城市的地理环境、人口结构、经济发展等进行深入研究，以了解城市的基本情况和未来发展趋势。

2. 问题分析与目标设定

收集完数据后，需要对现有的交通问题进行深入分析，找出问题的原因和影响，然后根据分析结果，设定城市综合交通规划的目标。这些目标应该符合城市的发展战略，也要考虑交通规划的特性，如多模态、整体性、动态性等。

3. 方案设计与评价

目标设定后，需要制订出具体的交通规划方案，包括交通网络规划、公共交通规划、非机动车规划、交通设施规划等。在制订方案的过程中，应该充分利用现代科技手段，如 GIS、交通模拟软件等，以提高规划的科学性和准确性。方案设计完成后，需要对方案进行评价，以确保方案的可行性和有效性。

4. 方案实施与监测

方案评价通过后，就可以实施方案。实施过程需要有专门的机构进行监督和管理，以确保方案的顺利进行。同时，也需要建立一个交通信息系统，进行实时的交通数据收集和监测，以便对交通状况进行及时了解和调整。

5. 后期评估与调整

方案实施完成后，需要对实施效果进行评估，找出存在的问题和不足，然后根据评估结果，进行方案调整和优化。调整优化方案是城市综合交通规划的重要环节，因为交通规划是一个动态的过程，需要随着城市的发展和变化进行不断地调整。

总的来说，城市综合交通规划的程序是一个系统的、动态的、迭代的过程，需要在程序进行过程中充分考虑城市交通的特性和需求。

二、城市绿地规划

（一）城市绿地规划的概念

城市绿地规划是对城市绿地系统的科学配置和优化设计的过程，包括城市公园、街道绿化、社区花园、湿地公园、城市森林等各类绿地的规划设计。城市绿地规划是城市总体规划的重要组成部分，旨在提供优质的城市公共空间，增强城市的生态服务功能，改善城市环境质量，提高城市居民的生活质量。城市绿地规划者应基于城市的自然条件、历史文化、社会经济发展水平和居民需求，采取综合分析和系统设计的方法，结合城市的总体规划规划城市绿地，以实现城市的生态、社会和经济效益的最大化。

（二）城市绿地规划的意义

1. 城市生态环境的改善

城市绿地是城市的"肺"，其通过吸收大气中的二氧化碳和释放氧气，净化城市空气，改善城市的空气质量。同时，城市绿地也能够起到调节城市微气候的作用，如通过植被的蒸腾作用降低城市的温度，增加湿度，降低城市的热岛效应。此外，城市绿地还有助于减少噪声污染，提供城市居民休闲和娱乐的空间，提高城市居民的生活质量。

2. 保护城市生物多样性

城市绿地是城市中的生物多样性热点区域，其提供了丰富多样的生物栖息地，有助于保护城市的生物多样性。城市绿地通过合理地规划，可以有效地保护和恢复城市生态系统的完整性和稳定性，有利于生物种群的繁殖和扩散，维护城市生态平衡。

3. 提升城市的景观价值

良好的城市绿地规划，可以提升城市的景观价值，增加城市的吸引力。城市绿地是城市景观的重要组成部分，通过优美的绿地景观设计，可以提升城市形象，提高城市的美学价值，提升城市的吸引力。

4. 增强城市的韧性

城市绿地具有一定的水源涵养和洪水调蓄功能，可以在一定程度上减少城市内涝的发生，增强城市抵御极端气候的能力，提高城市的韧性。

（三）城市绿地规划的主要内容

城市绿地规划的主要内容可以从以下四个方面进行详细论述。

1. 绿地系统规划

构建和优化城市绿地系统是一项重要内容，主要包括构建和优化公园、街道绿化、社区绿地、屋顶绿化等多种形式的绿地。规划需要确定各类绿地的数量、类型、位置、规模和布局等，形成一个连续的、多功能的、易于管理和使用的绿地系统。规划需要考虑城市的自然环境、社会经济、文化历史等因素，以确保绿地系统的科学性和适宜性。

2. 绿地保护和管理规划

城市绿地规划也需要关注绿地的保护和管理。这包括确定重要的绿地保护区，制定绿地保护的策略和措施，制定绿地的管理制度和操作规程等。绿地保护和管理规划需要建立绿地的监测和评估系统，对绿地的状况和效果进行持续地监测和评估。

3. 绿地设施规划

绿地设施是绿地的重要组成部分，对绿地的功能和价值有重要的影响。因此，规划需要确定各类绿地设施的类型、数量、位置和布局等，以满足公众的各种需求。规划还需要考虑设施的使用效率、经济性、安全性和环保性等因素，以确保设施的科学性和适宜性。

4. 绿地建设和发展规划

城市绿地规划还需要对绿地的建设和发展进行规划。这包括制订绿地的建设计划，确定绿地的发展方向，制定绿地的建设和发展策略等。规划绿地建设和发展过程中还需要考虑城市的发展趋势、公众的期望、环境的变化等因素，以确保规划的前瞻性和适应性。

以上四点构成了城市绿地规划的主要内容。在进行规划时，需要综合考虑各种因素，采用科学的方法，以确保规划的有效性和实施性。同时，需要注重公众的参与，增强规划的接受度和影响力。

（四）城市绿地规划的程序

城市绿地规划的程序是指从提出规划需求，到规划实施和管理，所需经历的一系列步骤。这个程序是动态、迭代和参与性的，其目标是确保城市绿地规划能够满足城市生态、社会和经济的需求，提升城市环境质量，增强城市居民的生活满意度。下面是城市绿地规划的详细步骤。

1. 需求识别

城市绿地规划的出发点是识别和理解城市的绿地需求。需求识别包括收集和分析城市的人口、经济、社会、环境等数据，了解城市的绿地现状，明确城市的绿地需求和目标等。需求识别需要与城市规划、环保、公共服务等相关部门进行协调和合作。

2. 方案设计

根据需求识别的结果，设计城市绿地规划方案。方案设计包括确定绿地的类型、规模、布局、功能等，提出绿地的建设、管理、保护等策略。方案设计需要与景观设计、生态学、城市设计等相关专业进行合作。

3. 公众参与

为了确保城市绿地规划能够满足城市居民的需求和期望，需要进行公众参与。公众参与可以通过公众咨询、公众参与会议、公众意见收集等方式进行。公众参与需要与社区组织、公众代表、非政府组织等进行合作。

4. 规划评估

为了确保城市绿地规划的可行性和有效性，需要进行规划评估。规划评估包括对规划方案的经济、社会、环境影响进行评估，对规划实施的难度和风险进行评估。规划评估需要与评估专家、相关部门进行合作。

5. 规划审批和实施

规划评估通过后，将规划方案提交相关部门审批。审批通过后，实施规划进行。实施内容包括绿地的建设、管理、保护等工作。规划审批和实施需要与建设部门、管理部门、保护部门等进行合作。

6. 规划监测和调整

为了确保城市绿地规划的长期有效性，需要进行规划的监测和调整。规划监测和调整包括对绿地的使用情况、环境效果、社会效益等进行监测，对规划方案进行必要的调整。规划监测和调整需要与监测部门、科研机构、公众等进行合作。

7. 规划反馈和改进

城市绿地规划是一个持续的过程，需要不断地反馈和改进。规划反馈和改进内容包括收集和分析规划实施的数据和信息，获取规划的反馈，对规划进行改进。规划反馈和改进需要与所有的参与者进行合作。

以上的七个步骤，构成了城市绿地规划的基本程序。每个步骤都需要专业的知识、技能和经验，需要多方的合作和参与。因此，城市绿地规划不仅是一个技术性的工作，也是一个协调性和参与性的工作。通过这个程序，规划者可以有效地规划和管理城市的绿地，提升城市的环境质量和居民生活质量，实现城市的可持续发展。

三、城市综合防灾减灾规划

（一）城市综合防灾减灾规划的概念

城市综合防灾减灾规划是指对城市可能面临的自然灾害和人为灾害的预防、应对和恢复进行全面、系统的规划，旨在以最大限度降低灾害对城市的影响。城市综合防灾减灾规划涵盖了灾害风险评估、防灾减灾措施、应急响应和灾后恢复等多个方面，是城市规划的重要组成部分。

（二）城市综合防灾减灾规划的意义

1. 提高城市的抵御灾害能力

城市综合防灾减灾规划是一个系统的、全面的规划，它以科学的方法对城市可能面临的自然灾害和人为灾害进行预防和应对。这种规划以城市为单位，充分考虑城市的地理、气候、社会经济、人口、建筑、基础设施等多方面的因素，制定出合理的、可行的防灾减灾措施。城市综合防灾减灾规划不仅包括建设防灾工程，提高城市的硬抗灾能力，也包括实施灾害预警，提高城市的软抗灾能力。通过城市综合防灾减灾规划规划，可以有效提高城市对各种灾害的抵御能力，减少灾害对城市的损害，保障城市的正常运行和居民的生命财产安全。

2. 保护城市的安全和稳定

城市是人类生产、生活的重要场所，是社会经济发展的核心区域。灾害可能对城市的生产、生活和环境造成严重的破坏，直接威胁城市的安全和稳定。城市综合防灾减灾规划，通过科学的评估和规划，可以有效地防止或减少灾害对城市的破坏，保护城市的安全和稳定。规划可以指导城市的空间布局和建设，例如，避免在灾害高风险区建设重要的设施，减少灾害对城市的影响。规划也可以提供灾后恢复和重建指导，帮助城市在灾害后尽快恢复正常生产生活秩序。

3. 提高城市的应急响应能力

灾害发生时，有效的应急响应是减少灾害损失、保护人们生命财产安全的关键。城市综合防灾减灾规划，通过建立和完善城市的应急响应体系，可以提高城市在灾害发生时的应急响应能力。这个体系包括灾害预警系统、应急救援队伍、救援物资储备、应急避难所等多个方面。例如，通过建立有效的灾害预警系统，可以及时向公众发布灾害信息，使人们有足够的时间应对灾害。

（三）城市综合防灾减灾规划的主要内容

城市综合防灾减灾规划的主要内容大致可以分为以下几个方面。

1. 消防规划

消防规划是城市综合防灾减灾规划的重要部分，旨在提高城市的消防安全等级，降低火灾风险。消防规划包括：建设和优化消防设施，提高消防设施的覆盖率和效能；加强消防力量建设，提高消防人员的专业素质和应对火灾的能力；增强公众的消防安全意识，提高其自我保护能力。同时，消防规划还应预设火灾应急响应机制，以便在火灾发生时能够迅速、有效地进行救援。

2. 防震减灾规划

防震减灾规划主要关注城市的地震风险。防震减灾规划包括：评估城市的地震风险，加强地震监测和预警；指导建筑设计，提高建筑的抗震能力；建立地震应急响应机制，提高城市在地震发生时的应对能力。在地震发生后，防震减灾规划还应引导灾后重建工作，以便快速恢复城市的正常运行，并提升城市的抗震能力。

3. 防洪规划

防洪规划旨在降低城市的洪涝风险，保护城市的安全和稳定。防洪规划包括：建设和优化防洪设施，提高城市的防洪能力；调整城市的布局和结构，降低洪水的影响；建立洪涝应急响应机制，提高城市在洪涝发生时的应对能力。同时，防洪规划还应考虑气候变化对洪涝灾害风险的影响，提前做好应对措施。

4. 人防规划

人防规划主要关注城市的人为灾害风险，如恐怖袭击、工业事故等。人防规划包括：加强城市的安全设施建设，提高城市的防御能力；加强公众的安全教育，提高其自我保护能力；建立人为灾害应急响应机制，提高城市在人为灾害发生时的应对能力。

5. 应急避难所规划

应急避难所在应对各类突发事件，特别是大规模自然灾害时，发挥着至关重要的作用。应急避难所规划需要确保在灾害发生时，居民可以迅速、安全地疏散到避难所，并在避难所得到基本的生存保障。规划中需要明确避难所的布局位置，尽量使其分布均匀，覆盖全城，以便在紧急情况下，居民可以在最短的时间内到达避难所。同时，避难所的建设规模应根据周边人口密度和可能面临的灾害风险来确定，以确保其在灾害发生时能够容纳足够数量的人员。

（四）城市综合防灾减灾规划的程序

城市综合防灾减灾规划一般可以分为以下几个步骤。

1. 预研阶段

预研阶段是规划的最初阶段，需要调查和研究城市的地理环境、气候条件、历史灾害记录、人口密度等相关信息。这些数据将为后续的规划提供基础数据和参考。

2. 风险评估阶段

风险评估阶段指根据收集到的数据，评估城市面临的各种灾害的风险程度，包括自然灾害如洪水、地震、台风等的评估，以及人为灾害如火灾、交通事故等的评估。风险评估将有助于规划者快速锁定风险最大的地区，以及威胁最严重的灾害。

3. 规划设计阶段

在规划设计阶段，规划者需要根据风险评估的结果，制定出相应的防灾减灾措施和策略。防灾减灾措施和策略包括：改善城市基础设施，比如提升排水系统以应对洪水，或者增设消防设施以防止火灾；建设应急避难所和救援中心，以便在灾害发生时能迅速进行疏散和救援；制定灾害应急预案，明确在灾害发生时的应对流程等。

4. 实施和监控阶段

规划设计完成后，需要实施规划的措施和策略，并在实施过程中进行持续地监控和评估，以确保规划的有效性和实时性。

5. 反馈和调整阶段

反馈和调整阶段是一个持续的阶段。规划者需要定期对规划的效果进行评估，并根据评估结果进行必要的调整。同时，规划者还需要收集和分析新的数据，以应对可能出现的新的灾害风险。

以上就是城市综合防灾减灾规划的一般程序。需要注意的是，每个城市的具体情况可能会有所不同，因此在进行规划时需要根据城市的实际情况进行适当的调整。

四、城市工程设施专项规划

（一）城市工程设施专项规划的概念

城市工程设施专项规划是对城市的基础设施，包括供水、排水、供电、燃气、通信、供热等公用设施的布局、规模、建设和管理的全面规划。这类规划旨在通过对公用设施的科学配置和管理，满足城市的基本需求，推动城市的可持续发展。

（二）城市工程设施专项规划的意义

城市工程设施专项规划在城市发展中发挥着关键性的作用，其意义主要体现在以下几个方面。

1. 提升城市基础设施服务水平

城市工程设施如供水、排水、供电、燃气、通信、供热等是城市运行的基础，影响着市民的日常生活质量和城市的运行效率。科学、合理的工程设施规划，能够提高城市基础设施的服务水平，满足市民对高质量生活的需求，提高城市的运行效率。

2. 提升城市应对灾害的能力

城市工程设施，特别是供水、排水和供电设施，对于城市应对自然灾害和人为灾害具有重要作用。科学的城市工程设施规划可以提高城市的抗灾能力和灾后恢复能力。

3. 优化城市空间布局

城市工程设施的布局直接影响到城市的空间结构和功能布局。通过科学的工程设施规划，可以实现公共设施的均衡布局，优化城市空间结构，提高城市的综合承载能力。

（三）城市工程设施专项规划的主要内容

城市工程设施专项规划的主要内容可以从以下几个方面进行论述。

1. 设施布局规划

设施布局规划是城市工程设施专项规划的核心内容。规划应明确各类设施的布局，包括供水、排水、供电、供热、燃气、通信等设施的布局。布局的制定应考虑城市的整体规划、区域发展策略、人口分布、经济发展需求等多个因素，以实现设施服务的高效和公平。

2. 设施建设规划

设施建设规划应详细规定各类设施的建设目标、建设规模、建设技术、建设标准等内容。建设规划应考虑设施的长期发展需求、技术的可行性、经济的可承受性、环境的可接受性等多个因素，以实现设施建设的科学与合理。

3. 设施运营管理规划

设施运营管理规划应明确设施的运营模式、管理体制、服务标准、费用策略等内容。运营管理规划应考虑设施的运营效率、服务质量、用户满意度、经济效益等多个因素，以实现设施运营管理的高效和优质。

4. 设施更新改造规划

由于科技的进步和社会的发展，设施可能需要进行更新和改造。规划者应提前预测设施的更新改造需求，并制定包括更新改造的时间、内容、方式、资金等内容在内的详细规划。

5. 设施应急响应规划

当城市面临自然灾害、设备故障、安全事故等突发事件的挑战时，规划者应制订设施的应急响应方案，包括应急响应的组织、程序、资源、措施等，以确保在突发事件发生时，能够及时、有效地应对，最大限度地减少对城市生活的影响。

（四）城市工程设施专项规划的程序

城市工程设施专项规划的程序是一个复杂而系统的过程，涵盖了从初步需求评估到规划实施和监督的各个阶段。以下是该过程的详细论述。

1. 需求分析

需求分析是规划过程的第一步，也是最基础的一步。在这个阶段，规划者需要深入了解城市的工程设施需求。例如，对现有设施的使用情况进行详细评估，预测未来的设施需求等。该过程需要收集和分析大量的数据，包括人口增长趋势、城市发展规划、工业发展、环境因素等。这些数据将为后续的规划决策提供关键的信息。

2. 设施规划

在需求分析的基础上，规划者需要制订出设施的布局、规模、技术方案等具体内容。这个过程需要进行深入的技术和经济研究，以确保规划方案的科学性和经济效益。规划者需要考虑地理位置、环境条件、技术发展趋势、成本效益等各种因素，制订出最优的设施规划方案。

3. 环境和社会影响评估

在规划方案初步确定之后，必须对其可能产生的环境和社会影响进行评估，以确保规划的实施不会对环境和社区产生过大的负面影响，或者这些影响可以被有效地管理和缓解。环境影响评估需要考虑空气、水、土壤、生物多样性等方面的影响，社会影响评估则需要考虑规划对当地经济、社区、文化、健康等方面的影响。

4. 公众参与

公众参与是城市工程设施专项规划过程中非常重要的一环。公众的意见和建议可以提高规划的质量和接受度。规划者需要通过公开的信息发布、公众咨询、公众意见收集等方式，让公众参与到规划过程中。公众参与也可以让公众了解规划的内容和目标，增强公众对规划的认同感。

5. 规划审批

完成规划草案后，需要提交给相应的政府部门进行审批。在审批过程中，政府会根据相关政策、法规、规章以及城市总体规划进行审核。这一步骤旨在确保专项规划的合法性、合规性，并且符合城市整体的发展策略。如果规划未能通过审批，需要对规划草案进行修改或补充，以满足相关要求。

6. 规划实施

规划审批通过后，就进入了实施阶段。这个阶段是整个规划过程中最具挑战性的部分，因为需要将规划方案转化为实际的工程项目，并进行施工。规划实施阶段需要精细的项目管理，包括项目策划、设计、招投标、施工、验收等多个环节。此外，还需要对工程的质量、安全、环保等方面进行严格的监控，确保工程的顺利进行。

7. 规划评估

工程项目完成后，需要对规划的实施效果进行评估。规划评估过程需要收集和分析大量的数据，包括工程的实际运行情况、设施的使用情况、环境影响等。通过评估，可以了解规划的实施是否达到了预期的目标，哪些地方做得好，哪些地方需要改进，为下一次规划提供参考经验。

8. 规划更新

城市工程设施的需求和环境都是在不断变化的，因此，规划也需要不断更新。规划更新不仅包括对已有设施的优化和改进，也包括对新的需求和挑战的预测和应对。在规划更新过程中，需要充分利用新的技术、数据和理念，提升规划的科学性和有效性。

第四节　规划与管理有机结合

一、城市生态规划与管理有机结合的必要性

（一）有助于规划目标的实现

规划是一个城市发展的蓝图，提供了长期的发展目标和实施策略。然而，规划本身只是一个理想的框架，它的价值在于被有效地实施和执行。在这个过程中，管理起到了至关重要的作用。管理不仅涉及规划的执行，还包括对执行过程的监督和调整，以确保规划的目标能够被实现。而且，管理还可以帮助规划者发现规划中的问题和不足，以便进行及时的修正和改进。

在城市生态规划的语境下，管理涉及城市的方方面面，例如，土

地使用的管理、环境保护的管理、资源利用的管理等等。进行城市管理的目的是确保城市生态系统得到有效的保护和恢复，以支持城市的可持续发展。因此，城市生态规划与管理的有机结合是实现规划目标的必要条件。

（二）提供反馈机制，优化规划

规划是一个动态的过程，需要根据实际情况进行调整和优化。管理提供了一个反馈机制，使规划者可以根据实际执行的结果来评估和改进规划。例如，如果在执行规划过程中发现某个策略无法达到预期的效果，规划者可以通过管理来调整这个策略，以提高其效果。另一方面，如果规划过程中发现新的问题或机会，规划者也可以通过管理来更新规划，以更好地应对这些变化。

在城市生态规划中，这种反馈机制尤其重要。城市生态系统是一个复杂的系统，涉及许多不确定性。通过管理，规划者可以及时了解这些变化，并及时调整规划，以更好地适应这些变化。因此，城市生态规划与管理的有机结合可以提供一个强大的反馈机制，可以帮助规划者持续优化规划。

（三）有助于促进跨部门和跨领域的协同工作

城市生态规划涉及多个部门和领域，包括城市规划、环境保护、水资源管理、空气质量控制等部门领域，这些部门和领域需要高度协调和合作以达成规划目标。管理在这个过程中起到至关重要的作用，通过管理，可以促使不同部门和领域的工作更符合规划目标。在管理的过程中，管理者需要具备广阔的视野和专业素养，理解不同部门和领域的工作，并引导他们朝着规划目标努力。例如，当城市规划部门提出新的开发计划，环保部门需要评估其对环境的影响，确保符合环保原则时，管理者就需要协调这两部门的工作，确保决策符合生态规划目标。管理者还需要具备良好的沟通和协调能力，处理各部门和领域间可能存在的冲突和分歧，促使他们找到共识，共同朝着规划的目标努力。有效的信息系统在此过程中也至关重要，它能帮助管理者收集和分析各部门和领域的数据，了解他们的工作和需求，同时监测和评估规划的实施效果，以便及时调整和优化规划。

（四）提升城市生态规划的适应性

城市生态规划的适应性是一个至关重要的议题。在当前环境和社会经济条件的动态变化中，城市生态规划需要以更高的适应性去应对这些挑战。这个适应性不仅包括了对环境和社会经济条件变化的敏感度，更包括了规划实施中的灵活性和应变能力。有效的管理则是保证城市生态规划适应性的重要手段。

首先，有效的管理可以帮助规划者更好地监测城市环境和社会经济条件的变化。这需要规划者建立一套完善的数据收集和分析系统，以便实时掌握城市生态环境、社会经济条件以及其他可能影响城市生态规划的因素的变化。例如，人们可以使用先进的遥感技术和地理信息系统（GIS）来监测城市的空气质量、水质、土壤质量和生物多样性等生态指标，同时也可以通过社会经济统计数据来了解城市的人口动态、经济发展状况等社会经济指标。

其次，有效的管理还可以帮助规划者及时调整城市生态规划，以应对环境和社会经济条件的变化。这需要规划者建立一套灵活的规划调整机制，以便根据监测数据的变化来调整规划。例如，规划者可以在规划中设定一系列的触发点，当某些指标达到这些触发点时，就需要对规划进行调整。此外，规划者还可以定期对规划进行评估，以便及时发现问题并进行调整。

最后，有效的管理还可以帮助规划者提升城市生态规划的适应性，使其始终保持与环境和社会经济条件相适应。这需要规划者不断提升管理的科学性和专业性，培养一支具有高素质的城市生态规划和管理团队，以便更好地理解和应对城市环境和社会经济条件的变化。

总的来说，有效的管理是提升城市生态规划适应性的关键。规划者需要通过建立完善的监测系统，灵活的规划调整机制和高素质的管理团队，保证城市生态规划始终能够应对环境和社会经济条件的变化，从而提升城市生态规划的适应性。

二、城市生态规划与管理有机结合的策略

（一）建立互动的规划与管理机制

城市生态环境是一个复杂的系统，其状态和变化受到众多因素的影响，包括自然因素（如气候、地形、生物）、人为因素（如人口、经济、技术、政策）以及这些因素之间的相互作用的影响。因此，城市生态规划者必须充分考虑这些因素，并在此基础上制定出切实可行的规划策略和管理措施。此外，由于这些因素存在一定的不确定性，因此规划还需要具有一定的灵活性和适应性，以便在实施管理的过程中能根据实际情况进行调整和优化。

城市生态环境是一个复杂的系统，城市生态环境也处在一个快速变化的社会经济环境中。随着科技的进步、经济的发展和社会的变迁，城市生态环境面临的问题和挑战也在不断变化。因此，规划者必须能够敏感地捕捉和预测这些变化，及时调整规划策略和管理措施，以保证其始终与社会经济环境的变化相适应。

实现这一目标的有效途径是建立一个互动的规划与管理机制。在这个机制中，规划与管理不再是两个独立的过程，而是紧密地结合在一起，形成一个动态互动的系统。在规划阶段，就应考虑实施管理的策略与可行性，而在管理过程中，又应反馈调整规划，使之更加贴近实际。互动的规划与管理机制能够提高规划的实施效率和效果，提高城市生态环境

的管理水平，促进城市的可持续发展。

（二）加强数据共享与信息通信

数字化时代，数据已经成为决策的重要依据。无论规划还是管理，都需要大量的数据来支持。这些数据既包括基础数据（如人口、经济、环境等），也包括更为复杂和动态的数据（如社会经济环境的变化、城市生态环境的状态和变化等）。这些数据不仅可以帮助规划者和管理者更好地理解和分析问题，也可以帮助他们制定更有效的策略和措施。

然而，由于数据的获取和处理往往需要大量的资源和时间，因此，数据共享成为一个重要的问题。数据共享不仅可以提高数据的利用效率，避免重复投入，也可以促进各部门和领域之间的协调和合作。为此，应构建有效的数据共享机制，利用大数据和云计算等先进技术，实现各部门和领域之间的数据共享。

数据共享机制建立后，信息通信也成为一个重要的问题。信息通讯不仅可以促进各方的交流和理解，也可以帮助他们在决策过程中达成共识。为此，应建立高效的信息通信机制，包括定期的会议、网络平台、报告系统等，以便在规划与管理过程中实现有效的信息交流和决策协调。

（三）强化培训和教育

城市生态规划与管理是一个高度专业和复杂的工作，需要规划者和管理者具备广泛的知识和技能，包括生态学、环境科学、城市规划、公共管理等多个领域的知识，以及数据分析、决策制定、项目管理等多种技能。然而，由于科技的进步和社会经济环境的变化，这些知识和技能也在不断更新和演变。因此，对规划者和管理者进行持续的培训和教育，提升他们的专业能力和对新挑战的应对能力，是十分必要的。

首先，应建立完善的培训体系，包括基础培训、进阶培训和专题培训等多层次、多类型的培训项目。基础培训主要针对新入职的规划者和管理者，帮助他们快速掌握必要的知识和技能；进阶培训主要针对在职的规划者和管理者，帮助他们深化和扩展专业知识，提升专业技能；专题培训主要是针对规划者和管理者进行的特定的主题或问题的培训，如新的规划理念、新的管理工具、新的技术应用等主题或问题的培训，帮助他们及时了解和掌握新的知识和技能。

其次，应建立全面的教育体系，包括正规的教育项目和非正式的学习平台。正规的教育项目，如学位课程、证书课程等，可以帮助规划者和管理者系统地学习和研究相关的理论和实践；非正式的学习平台，如研讨会、讲座、在线课程等，可以提供更为灵活和多元的学习机会，满足规划者和管理者不同的学习需求和兴趣。

最后，应建立支持性的政策和制度，鼓励和支持规划者和管理者参加培训和教育。这包括提供必要的时间和资源，如调整工作安排、提供学习假期、提供学习资金等；提供必要的奖励和激励，如提供职业发展机会、提供职务晋升机会、提供工资和福利增长等。这样的政策和制度不仅可以促进规划者和管理者的个人发展，也可以提高城市生态规划与管理的整体水平，从而实现城市的可持续发展。

第五章　城市生态管理的五个层面

第一节　城市卫生生态管理

一、城市卫生的概念与特点

（一）城市卫生的概念

城市卫生是一个集环境卫生、公共卫生和环境保护于一体的复杂系统。它主要关注的是如何维持和提高城市环境的健康状况，以保护城市居民的健康，促进城市的可持续发展。具体来说，城市卫生涵盖了以下几个方面。

（1）环境卫生：包括城市空气质量、水质管理、固体废物管理、噪声控制等。

（2）公共卫生：包括疾病防控、健康教育、健康服务等。

（3）环境保护：包括生态保护、生物多样性保护、环境污染控制等。

（二）城市卫生的特点

1. 复杂性

城市卫生涉及城市规划、环境科学、公共卫生、社会学等多个学科，需要跨部门、跨学科的协调和合作。例如，在城市空气质量管理中，既需要环境科学的专业知识来研究空气污染的来源、影响和控制技术，也需要城市规划的方法来规划和调整城市的空间结构和交通系统，还需要公共卫生的理论和方法来评估空气污染对公众健康的影响。

2. 动态性

城市卫生的状态是随着城市的发展和变化而变化的。例如，随着城市的扩张，城市的生态环境和公共卫生问题可能会发生变化，如绿地面积的减少、空气和水质的恶化、噪声和光污染的增加等。因此，城市卫生的管理需要有针对性的策略和措施，以应对这些变化。

3. 预防性

城市卫生的目标是预防和控制环境和公共卫生问题的发生，而不仅仅是解决已经出现的问题。例如，在疾病防控中，应当优先采取预防措施，如疫苗接种、卫生教育、环境改善等，以防止疾病的发生和传播。

4. 公共性

城市卫生涉及所有城市居民的利益，是一个公共的问题。因此，城市卫生的管理需要全社会的参与和支持。这不仅包括政府部门的投入和管理，还包括公众的参与和监督，以及企业、非政府组织和科研机构的贡献。

5. 可持续性

城市卫生的目标是实现城市的可持续发展，这需要管理者在满足当前需求的同时，保护和改善环境，以保障未来代人的需求。例如，在城市水资源管理中，管理者需要平衡当前的水需求和未来的水需求，通过节水、循环利用、雨水收集等手段，实现水资源的可持续利用。

二、城市卫生生态管理的作用

（一）保障公共健康

城市卫生生态管理在保障公共健康方面发挥着至关重要的作用。在城市生态环境中，空气质量、水质、噪声水平等各类环境因素的变化，直接关系到城市居民的健康状况。通过有效的城市卫生生态管理，可以监控和调控这些环境因素的变化，减少其对公共健康的不利影响。

例如，城市空气质量的管理是城市卫生生态管理的重要组成部分。城市空气质量的恶化，如 PM2.5 浓度的升高、有毒气体的排放等，会引发各种呼吸系统疾病，严重威胁居民健康。有效的城市卫生生态管理，可以通过监测空气质量，限制有毒气体的排放，以保障公共健康。

此外，城市卫生生态管理还包括对公共卫生设施的管理，如公共厕所、垃圾处理设施等。这些设施的管理状况直接影响城市的卫生环境，从而影响公共健康。通过有效的管理，可以保持这些设施的良好运行，为城市居民提供卫生、健康的生活环境。

（二）提升城市生态环境质量

城市卫生生态管理对提升城市生态环境质量也起到了重要作用。城市生态环境质量是衡量一个城市环境健康状况的重要指标，直接关系到城市的可持续发展。

首先，城市卫生生态管理可以通过对环境污染源的监控和控制，减少环境污染，保护城市生态环境。例如，对工业排污、车辆尾气等污染源的管理，可以有效地减少空气和水的污染，提高城市生态环境质量。

其次，城市卫生生态管理还可以通过对城市绿地、公园等公共空间的管理，改善城市的生态环境。这些公共空间不仅是城市居民休闲、娱乐的场所，同时也是城市的重要生态空间，对改善城市气候、保持生物

159

多样性、吸收空气污染物等有着重要作用。通过对这些公共空间的有效管理，可以保护城市生态环境，提高城市的生态环境质量。

最后，城市卫生生态管理还包括对城市固体废物的管理。城市固体废物的无序堆放会污染环境，影响城市景观，甚至会引发公共卫生事件。通过有效的城市卫生生态管理，可以实现城市固体废物的有效回收、处理和利用，减少对环境的污染，提高城市生态环境质量。

（三）提升城市形象

城市卫生生态管理在提升城市形象方面扮演着重要的角色。在这个视觉信息占主导的时代，一个环境优美、卫生整洁的城市，就如同一张靓丽的名片，它不仅直接影响着城市居民的生活满意度，也是吸引游客和投资者的重要因素，有力地提升了城市的竞争力。

城市卫生生态管理通过改善和优化城市环境，提升了城市的景观质量，使得城市在具备现代化的便利和舒适的同时，也融入了自然的和谐与优美。街道两旁的绿树、公园中的花草、湖泊中的清水，这些都是城市卫生生态管理的成果，也是城市的风景，它们为城市添加了生机与活力，为城市居民和游客提供了慰藉。

同时，城市卫生生态管理也是城市公共服务的重要组成部分。良好的卫生环境、规范的废物处理方式、高效的公共设施，这些都是城市卫生生态管理为城市提供的高质量公共服务，这些服务的提供，不仅提高了城市居民的生活质量，也提升了城市的公共服务水平，展现了管理者的管理能力和服务水平。

此外，城市卫生生态管理也是保障城市健康的重要手段。通过对空气质量、水源保护、食品安全等方面的管理，城市卫生生态管理有效地提高了城市的健康水平。一个健康的城市，不仅能吸引更多的居民，也能吸引更多的投资和人才，从而提升城市管理者的竞争力。

三、城市卫生生态管理的措施

（一）建立完善的城市卫生生态管理体系

城市卫生生态管理体系是保障城市卫生生态的关键，包括了政府、企业、社区和居民等多个参与者及其之间的相互关系。它是一个复杂的系统，需要各方面的共同参与和合作，以确保城市卫生生态的良好状态。

政府是城市卫生生态管理体系的主导者和决策者。政府需要出台相关的法律法规，设定城市卫生生态的标准和规范，以保证城市卫生生态管理的合法性和公正性。政府需要建立和完善城市卫生生态的监管机制，进行定期监测和评估，以确保城市卫生生态管理的有效性和及时性。政府还需要通过财政投入、项目扶持等方式，支持和推动城市卫生生态的研究和实践，以提升城市卫生生态管理的科学性和创新性。

企业是城市卫生生态管理体系的重要执行者。企业需要负责废物处理和环境保护，按照政府出台的法律法规和标准，实施环保措施，减少生产和经营活动对环境的影响。企业需要建立和完善自身的环保机制，提高环保的技术和设备，以提升环保的效率和效果。企业还需要积极参与到政府的环保项目中，与政府、社区和居民等共同推动城市卫生生态的进步。

社区和居民是城市卫生生态管理体系的基础。他们是环保行动的实施者，社区居民的环保意识和行为直接影响到城市卫生生态的状态。社区居民需要积极参与到环保活动中，提高环保意识，形成良好的环保习惯。他们还需要监督政府和企业的环保行为，反映和解决环保问题，以确保城市卫生生态管理的公开性和透明性。

总之，建立完善的城市卫生生态管理体系是一项复杂而艰巨的任务，它需要政府、企业、社区和居民等多个参与者的共同努力。通过建立完善的管理体系，可以有效地保障城市卫生生态的良好状态，促进城市的可持续发展。

（二）实施科学的城市规划和设计

城市规划和设计在城市卫生生态管理中起着决定性的作用。科学、合理的城市规划和设计可以在源头上减少环境污染和生态破坏，使城市卫生生态管理更加高效。从城市规划的初步阶段开始，就应充分考虑卫生因素，以实现城市的可持续发展。

城市规划应以生态保护和恢复为基本原则，充分预留绿地，确保城市的生态多样性。城市绿地是城市生态系统的重要组成部分，它们不仅可以吸收和净化空气中的污染物，减缓城市热岛效应，改善城市气候，而且还可以为城市居民提供休闲和运动的空间，提高城市居民的生活质量。城市规划应合理配置城市绿地，使之与城市的建筑、道路、公共设施等有机结合，形成完善的城市生态网络。

城市规划还应重视水资源的保护和利用，科学规划城市的水系，实现城市的水循环。城市水系是城市生态系统的重要组成部分，它可以调节城市气候，减少城市热岛效应，保持城市的生态平衡。城市规划应合理配置城市的河流、湖泊、湿地等水体，与城市的绿地、建筑、道路等有机结合，构建城市的蓝绿网络系统。

在城市设计中，人们应考虑废物处理设施的选址和设计，避免对居民生活产生影响。废物处理设施选址应尽可能远离居民区，以减少噪声、臭味的影响，净化视觉环境。废物处理设施应设计为封闭式，以防止废物的扩散和漏泄。废物处理设施还应配备有效的污染控制设备，以减少废物处理过程中的环境污染。

（三）加强环境卫生教育和宣传

环境卫生教育和宣传是城市卫生生态管理的重要组成部分，加强环境卫生教育和宣传能提高公众的环保意识，促进公众参与环境卫生管理，从而形成全社会共同参与的城市卫生生态管理新模式。在实施这一措施时，管理者应通过多种方式和途径，使环保教育和宣传深入社区、家庭、学校和个人，使之成为公众日常生活的一部分。

学校是进行环境卫生教育的重要场所。管理者应将环保教育纳入学校的课程体系，通过课堂教学、实地考察、环保实验等方式，让学生了解环境问题的严重性，理解环保的重要性，学习环保的知识和技能。管理者还应通过环保活动，如环保竞赛、环保社团、环保志愿服务等，让学生在实践中提高环保意识，形成良好的环保习惯。

社区是进行环境卫生教育和宣传的重要平台。管理者应通过社区讲座、展板、宣传册、网络等方式，将环保知识传播到社区居民中，提高他们的环保意识和技能。管理者还应通过社区活动，如环保义工、环保巡逻、环保评比等，让社区居民参与到环保行动中，实践环保理念，提升环保效果。

媒体是进行环境卫生教育和宣传的重要工具。管理者应利用新闻、广播、电视、网络等各种媒体，大力宣传环保政策，报道环保新闻，展示环保成果，激发公众的环保热情。管理者还应利用媒体进行环保知识的普及，提高公众的环保素质，引导公众形成环保的生活方式。

（四）加强对城市卫生生态安全的监测

城市卫生生态安全的监测是城市卫生生态管理的重要组成部分，是预防和解决环境卫生问题的重要手段。为了实现有效的监测，管理者需要建立完善的监测体系，包括建立多元化的监测网络、采用先进的监测技术和设备、建立健全的信息发布和反馈系统等。

建立多元化的监测网络是实现城市卫生生态安全监测的基础。这个网络应覆盖城市的各个角落，包括居民区、公共区域、工业区、水源地等，以便全面、准确地了解城市的环境卫生状况。同时，管理者需要设立足够数量的监测站点，保证监测的密度和频率，以便及时发现和处理环境卫生问题。

采用先进的监测技术和设备是提高城市卫生生态安全监测效果的关键。管理者需要采用最新的监测技术，如遥感技术、GIS 技术、大数据技术等，以提高监测的准确性和效率。管理者还需要采用高质量的监测设备，如高精度的空气质量监测仪、水质监测仪、噪声监测仪等，以保证监测数据的可靠性。

建立健全的信息发布和反馈系统是实现城市卫生生态安全监测的保证。管理者需要定期向公众发布环境卫生监测信息，让公众了解城市的环境卫生状况，提高公众的环保意识和参与度。同时，管理者需要建立有效的信息反馈机制，让公众能及时向政府反映环境卫生问题，促进政府和公众的互动和合作。

第二节　城市安全生态管理

一、城市安全的概念与特点

（一）城市安全的概念

城市安全就是指某个城市以自然生态系统、经济生态系统和社会生态系统的稳定为基础，实现人与自然、社会与自然、经济与自然的协调可持续发展，以达到城市自然和谐、社会稳定及经济良性发展的状态。城市安全同国防安全、经济安全一样，是国家安全的重要组成部分。

（二）城市安全的特点

1. 多维性

城市安全涵盖了水资源、食品、居住环境、减灾能力和生命安全等多个维度，这些维度相互关联，共同构成城市安全的总体状况。因此，在城市安全的管理过程中，需要从多个维度进行综合评估和管理。

2. 地域差异性

由于城市的自然条件、经济发展水平、社会文化背景等因素的差异，不同城市在生态安全方面面临的问题和挑战也存在差异。因此，城市安全的管理策略需要因地制宜，充分考虑地域特点和实际需求。

3. 可持续性

城市安全的目标是实现城市生态系统的长期稳定和可持续发展。这要求管理者在城市规划、建设和管理过程中，始终坚持绿色发展理念，以保护生态环境为前提，保障资源的合理利用和环境的可持续改善。

4. 预警性

城市安全问题往往具有潜在性和累积性。一旦爆发生态危机，其破坏力和影响力巨大。因此，城市安全管理需要具有前瞻性和预警性，通过科学的监测和评估，预防和减少生态安全风险。

二、城市安全生态管理的作用

（一）保障人民生命安全

城市安全生态管理在保障人民生命安全方面的作用不容忽视。在人口密集的城市环境中，各种各样的风险和威胁无时无刻不在考验着城市的安全管理能力。自然灾害、公共卫生危机、犯罪活动等，都可能对人民的生命安全构成威胁。只有当城市拥有全面且有效的安全管理体系，才能确保这些威胁被有效地预防和管理，从而最大程度上保护人民的生命安全。生命权是人类最基本的权利之一，保障生命安全是人们对城市生活最基本的期待之一。因此，城市安全生态管理在保障人民生命安全方面的作用，不仅是保护人民的生命权，也包括满足人民的安全需求，提高人民的生活质量。这使得人们能够在城市中安居乐业，享受城市生活带来的各种便利和乐趣。当然，保障人民生命安全并不是一件容易的事情，它需要城市管理者的智慧和努力，需要相关部门的协作和配合，需要公众的参与和支持。只有当所有的人都参与到这个过程中，才能真正实现人民生命安全的保障。

（二）维护社会稳定

社会稳定是城市发展的重要基础，是保障人民安居乐业的前提。城市安全生态管理在维护社会稳定方面的作用，主要体现在预防和处理各种可能破坏社会稳定的风险和威胁方面。社会稳定是由多种因素共同构成的，包括经济稳定、政治稳定、文化稳定、公共安全稳定等。在保证经济、政治、文化、公共安全等因素稳定的基础之上，才能构建出稳定的社会秩序，形成和谐的社会氛围，保障人民的各种权益。因此，城市安全生态管理在维护社会稳定方面的作用，既是维护社会秩序，也是保障人民权益，更是推动城市发展。值得注意的是，社会稳定并不仅仅意味着没有冲突和矛盾，更重要的是要保证公正和公平。因此，城市安全生态管理在维护社会稳定方面的作用，还包括通过公正和公平的方式，解决和处理各种社会矛盾，消除社会不公，以谋求最大限度的公平。

（三）提升城市防御力量

提升城市防御力量是城市安全生态管理的重要目标之一。强大的城市防御力，可以让城市有效地防御和应对各种风险和威胁，进而保护城市和居民的安全，防止各种风险和威胁对城市的破坏。强大的城市防御力还可以帮助存在风险和威胁的城市快速恢复至正常状态，进而保障城市的长期发展和稳定。因此，提升城市防御力对城市生态安全管理至关重要。

三、城市安全生态管理的措施

（一）建立和完善城市安全生态管理体系

城市安全生态管理体系的建立和完善，是确保城市运行安全，预防和应对各类风险的重要保障。这个体系需要全面、系统，具备一定的灵活性和前瞻性，以适应不断变化的城市特点和风险情况。城市安全生态管理体系体系应包括风险评估、预警、应急响应、恢复与重建等各个环节。

在风险评估环节，城市安全生态管理体系的建立需要对各类可能出现的风险进行准确识别和评估。这些风险可能来源于自然灾害，如地震、洪水、台风等；也可能来源于人为因素，如社会冲突、恐怖袭击、网络攻击等；还可能来源于公共卫生事件，如疾病疫情、食品安全事故等。识别和评估风险，需要借助于科学的风险评估方法，并充分利用现有的科技手段，如大数据、人工智能等，进行风险预测和分析，以便为防范和应对风险提供依据。

在预警环节，城市安全生态管理体系应当能够在风险发生之前，及时发出预警，提醒相关人员和部门做好防范和应对准备。这需要建立一套有效的预警机制，包括预警信号的设定、发布和传播等，以便在最短的时间内，通知到所有可能受到影响的人员和部门。

在应急响应环节，城市安全生态管理体系应当有能力在风险发生时，迅速启动应急响应机制，采取有效措施，尽可能减少风险对城市运作和人民生活的影响。这需要建立一套完善的应急响应机制，包括应急响应的组织、指挥、协调、实施等，以便在最短的时间内，对风险进行有效的应对。

在恢复与重建环节，城市安全生态管理体系应当有能力在风险过去后，尽快恢复城市的正常运作，进行必要的重建工作。这需要建立一套有效的恢复与重建机制，包括恢复与重建的规划、组织、实施等，以便在最短的时间内，恢复城市的正常运作，并进行必要的重建工作。

（二）加强公共安全教育和培训

公共安全教育和培训在城市安全生态管理中占据至关重要的地位，它是提高城市居民自我保护能力，加强城市应对各种风险和挑战的重要手段。通过广泛、深入的公共安全教育和培训，可以提高城市居民的安全意识和安全技能，使他们在面临各种风险和挑战时，能够进行有效的自我保护，从而减少潜在的危险。

在公共安全教育方面，为了让公众充分理解和认识安全的重要性，可以通过多种方式进行公共安全教育。例如，可以通过讲座、研讨会、展览等活动形式，全面、深入地传播安全知识，提高公众的安全意识。这些活动能多角度、全方位地解析安全问题，使公众能够从中获取实用的安全知识，提高公众的安全意识，进而在面临危险时，做出正确的判断和有效的反应。此外，也可以在学校开设安全教育课程，让学生从小树立安全意识，掌握基本的安全知识和技能。通过这种方式，从源头上减少安全事故的发生，让每一个公众都能够成为城市安全的维护者。

在公共安全培训方面，可以通过各种形式的培训活动，如模拟演练、操作训练等，让公众在实践中学习和掌握安全技能。这些活动可以模拟真实的风险事件和危险情况，让公众在相对安全的环境中体验和应对各种危险，提高公众的实际操作能力和应对危险的信心。例如，通过防火演练，公众可以学习和掌握如何在火灾发生时逃生、救火，如何正确使用灭火器等技能；通过防震演练，公众可以学习和掌握在地震发生时的自我保护和互助救援技能。这些实际的操作经验将极大地提高公众在面对真实危险时的应对能力。

（三）创新和利用科技手段

科技在城市安全生态管理中的作用越来越重要，科技手段的创新和应用可以有效提升城市安全生态管理的效率和效果。

大数据技术在城市安全生态管理中发挥着不可或缺的作用。大数据技术可以收集和分析海量的数据，包括环境监测数据、人口流动数据、网络舆情数据等，帮助管理者更准确地识别和预测风险。这些数据可以帮助管理者了解城市的风险状况，预测可能出现的危险，为决策提供科学的依据。例如，通过大数据技术，管理者可以分析历史的气候数据，预测可能发生的自然灾害，提前做好应对准备；管理者也可以通过分析社交网络的舆情数据，及时发现和处理公共安全问题，防止事态扩大。

人工智能技术也在城市安全生态管理中发挥着重要作用。人工智能技术可以帮助管理者自动化处理大量的信息，提高预警和响应的速度，减少人为的延误和错误。例如，管理者可以使用人工智能技术，自动分析监控视频，及时发现异常情况，提高警戒效率；管理者也可以使用人工智能技术，自动分析和处理报警信息，提高应急响应的速度和准确性。

新型技术设备，如无人机、机器人等，也在城市安全生态管理中起着重要作用。无人机和机器人可以进入危险区域进行勘察、救援等工作，减少人员的伤害。例如，无人机可以快速勘察灾害现场，提供实时的影像信息，帮助救援人员及时了解灾情，制订救援方案；搜索救援机器人可以在地震等灾害中寻找和救援被困人员，进而提高救援人员的救援效率。

（四）加强合作和协调

城市安全生态管理是一个复杂的系统工程，涉及多个部门和领域，只有各方相互协调配合，才能实现有效的管理。

首先，各政府部门之间需要加强合作和协调。城市安全涉及公安、消防、卫生、教育、交通等多个部门，这些部门需要共享信息，协调行动，形成合力。例如，在处理突发火灾事件时，公安部门需要维护现场秩序，消防部门需要控制火情，卫生部门需要提供医疗救助，交通部门需要保障救援通道的畅通，等等。这就需要各部门之间有良好的合作和协调机制。

其次，政府和企业之间也需要加强合作。很多城市的基础设施和服务都由企业提供，这些企业在城市安全生态管理中起着重要的作用。政府需要与这些企业合作，利用他们的资源和技术，共同维护城市的安全。例如，政府可以与电信公司合作，利用电信公司的网络和数据，提升城市的信息化水平，提高城市安全生态管理的效率。

最后，公众也是城市安全生态管理的重要参与者。公众不仅是城市安全的受益者，也是城市安全的守护者。政府需要与公众合作，提高公众的安全意识，提升公众的自我保护能力，同时倾听公众的意见和建议，让公众参与到城市安全生态管理中来。

第三节　城市景观生态管理

一、城市景观的概念与特点

（一）城市景观的概念

城市景观是指城市中各类生态元素和生态过程构成的动态整体，它包括自然生态元素（如城市绿地、水体等）和人为生态元素（如公园、广场等），以及这些元素间的相互关系和生态过程。城市景观是城市生态系统的重要组成部分，是城市环境质量、生态服务功能和城市居民生活质量的重要体现。

（二）城市景观的特点

1. 复杂性

城市景观由多种生态元素构成，如土地、水体、植被、动物等，这些元素之间存在着复杂的相互作用和影响。同时，城市景观还受到人类活动的深刻影响，如城市规划、建筑、交通、污染等，这使得城市景观的结构和功能更为复杂。

2. 动态性

城市景观是一个动态的系统，它会随着环境条件的变化、生态元素的变化和人类活动的影响而变化。这种变化可能是季节性的，如季节变换对植被的影响；也可能是长期的，如城市发展对生态景观的影响。

3. 整体性

城市景观是一个整体，各个生态元素和生态过程是相互关联、相互影响的。因此，在城市景观管理中，管理者需要从整体出发，考虑各个元素和过程的关系，进行科学的规划和管理。

171

4.可塑性

城市景观具有较强的可塑性。在人类活动的影响下，城市景观可以通过规划和设计，实现各种功能的融合和优化，如休闲、教育、生态保护等。这种可塑性使得管理者有可能创造出更加宜人、更加可持续的城市环境。

5.脆弱性

由于城市景观的复杂性和动态性，以及城市环境的高度人为干扰，城市景观具有一定的脆弱性。一旦受到严重的环境压力或遭遇突发事件，如重度污染、灾害等，城市景观就可能会受到严重破坏，甚至导致生态系统功能的失调。

二、城市景观生态管理的作用

（一）提高城市环境质量

城市景观生态管理是城市环境质量提升的关键要素之一。绿地、湿地、森林等生态景观具备优秀的空气净化能力。这些景观中的植被，如树木和草本植物，能吸收并分解空气中的有害物质，如硫氧化物和氮氧化物，进而提升空气质量。另外，这些植被通过光合作用释放氧气，能为城市居民提供清新的空气。由此可见，城市景观的自然过程在抵抗城市热岛效应，降低全球变暖影响等方面发挥着重要作用。

城市景观生态在降低城市噪声污染方面也有显著的作用。例如，公园、绿地等生态景观能够有效吸收和反射城市中的噪声，减轻噪声对周围环境和居民生活的影响。在这样的环境中，城市居民的心理压力得到了有效缓解，生活质量也得到了显著提升。生态景观所提供的绿色空间也为城市居民提供了一个亲近自然、放松身心的场所。公园、绿地、花园等绿色空间的存在，使得城市中的居民能在繁忙的城市生活中找到片刻的宁静，缓解生活压力，提升生活质量。

（二）维护生物多样性

城市景观生态是多种生物的栖息地，具有丰富的生物多样性。通过科学的管理，可以保护和增强城市生物多样性，为城市增加生态韧性。生物多样性是维持生态系统稳定性的重要保障，多样性的生物种群可以提供更丰富的生态服务，如授粉、害虫控制、土壤肥力维护等。同时，丰富的生物多样性也可以提升城市居民的生活质量和幸福感，增加居民对自然环境的尊重和保护意识。

（三）塑造城市形象

一个城市的生态景观，往往是其形象的重要体现，城市形象的塑造也是城市景观生态管理的重要任务之一。独具特色的生态景观，如独特的公园、湿地、森林，可以反映出城市的历史、文化、自然环境以及社会发展等特点，增加城市的识别度和独特性。生态景观的塑造和管理可以展现城市的魅力，提升城市的吸引力，从而提高城市的竞争力。此外，优美的生态景观还可以吸引游客，促进旅游业和相关产业的发展。旅游业的发展，不仅可以带动城市经济的增长，也可以提升城市的知名度和影响力。

（四）提升居民生活质量

城市景观生态为城市居民提供了重要的休闲和娱乐空间，这对于提高居民的生活质量和幸福感具有重要的作用。公园、绿地等生态景观，为城市居民提供了丰富的户外活动场所，如散步、运动、野餐、观鸟等。这些活动不仅有利于提升居民的身心健康，也有助于增强社区的凝聚力。同时，丰富多样的生态景观还可以满足居民对美的追求，提高他们的生活满足感和幸福感。通过参与生态景观的保护和管理，居民可以增强自身的环保意识和公民责任感，提高自身的社会参与度和公民素质。

（五）提高城市的防灾能力

城市景观生态的规划和管理对于提高城市的防灾能力有着重要的作用。首先，通过科学的规划和设计，可以利用生态景观对自然灾害的阻挡和缓冲作用，减少灾害对城市的影响。例如，湿地可以吸收和存储雨水，减少洪涝灾害；森林可以降低风速，防御风灾；城市绿地和树木可以冷却空气，削弱热浪。其次，通过生态景观的管理，可以提高生态系统的健康和稳定性，增强城市对灾害的抵抗能力和恢复能力。例如，保护和增强生物多样性，可以提高生态系统的韧性，使其在灾害后能够更快地恢复和重建。

三、城市景观生态管理的措施

（一）政策支持和立法保护

城市景观生态管理的重要措施是为其提供政策支持和立法保护。政府机构作为公共事务的管理者，有责任和权力制定和实施相关政策，为城市景观生态的管理提供必要的保障。

政策支持在城市景观生态管理中起着至关重要的作用。政策可以引导行为，激励更环保的行动。例如，政府可以通过提供资金支持，推动生态景观管理的研究和实践。这种资金可以来自政府预算，或者通过公共 - 私人伙伴关系（PPP）模式引入私人资本。此外，政府还可以通过税收优惠、补贴等方式，鼓励企业和个人参与生态景观的保护和管理。

立法保护也是城市景观生态管理的重要一环。法律是社会行为的规范，有力的法律法规能够确保城市景观生态得到有效的保护。政府应制定和执行相关的环保法规，包括但不限于规定污染物排放标准、设立保护区、限制过度开发等。这些法规应以科学的原则为基础，既要考虑到环境的保护，也要考虑到经济的发展。同时，法律的实施需要有一套有效的监督和执法机制，以确保法规有效落实。

政策和立法之外，政府还应推动绿色建筑发展和城市可持续发展。绿色建筑是一种节能、环保、可持续的建筑方式，可以有效降低城市对环境的影响。政府可以制定相关的建筑标准和规范，鼓励绿色建筑的发展。同时，政府还应将可持续的理念引入到城市规划中，优化城市布局，提高城市的生态效率。

（二）持续监测和评估

通过持续的环境监测和生态评估，可以及时了解生态景观的健康状况，发现和解决问题。这包括对空气质量、水质、土壤质量、生物多样性等的监测，以及对生态服务、环境质量、居民满意度等的评估。

环境监测是对城市生态系统中各种环境因子的持续观察和记录。这包括空气质量、水质、土壤质量和生物多样性等。这些环境因子是构成生态系统的基本元素，它们之间的相互关系和相互作用决定了生态系统的结构和功能。

空气质量的监测是城市环境监测的重要组成部分。通过对空气中各种污染物，如颗粒物、二氧化硫、氮氧化物等的监测，可以评估城市的空气污染程度，为空气质量改善提供依据。

水质监测则关注水体中的化学物质、生物和其他有害物质的含量。通过定期检测水源地的水质，可以及时发现污染问题，保护城市的水资源。

土壤质量的监测主要关注土壤的化学、物理和生物性质。土壤是生态系统中的重要组成部分，对土壤质量的监测可以帮助人们了解土壤污染的情况，保护城市的土地资源。

生物多样性的监测则关注生态系统中的生物种类和数量。生物多样性是生态系统健康的重要指标，通过监测生物多样性，可以了解生态系统的稳定性和抵抗力。

除了环境监测，生态评估也是城市景观生态管理的重要方法。生态评估是对生态系统的综合评价，它不仅包括对生态系统的生物和非生物元素的评价，还包括对生态服务、环境质量、社会经济效益、居民满意度等多个方面的评估。

生态服务是利用生态系统的特性和功能，满足人类需求的一种服务，包括空气净化、水源保护、气候调节、生物多样性保护等。对生态服务的评估可以帮助管理者了解生态系统对人类的贡献，了解城市景观的生态价值。

环境质量的评估则关注生态系统的整体状况，包括环境的干净程度、生态系统的稳定性等。通过对环境质量的评估，管理者可以了解城市景观生态的健康状况，为生态保护和恢复提供依据。

社会经济效益的评估关注生态系统对社会和经济的贡献。城市景观生态不仅提供了生态服务，也创造了就业机会，促进了经济发展。通过对社会经济效益的评估，管理者可以全面了解城市景观生态的价值，为政策制定提供支持。

居民满意度的评估则关注城市景观生态对居民生活的影响。城市景观生态可以提高居民的生活质量，增强居民的幸福感。通过对居民满意度的评估，管理者可以了解居民对城市景观生态的需求和期望，为城市景观生态的管理提供民意基础。

总之，持续的环境监测和生态评估是城市景观生态管理的关键，它们为城市管理者提供了解和管理城市景观生态的工具，使他们能够及时发现并解决生态问题，实现城市景观生态的可持续管理。

（三）提高公众参与度

鼓励公众参与城市景观生态的管理和保护，可以提高公众的环保意识和责任感，也能够提高管理的效率和效果。提高公众参与度可以通过开展环保教育、组织环保志愿者活动、建立社区管理机制等方式实现。

1. 环保教育是提高公众参与度的基础

通过环保教育，公众可以了解环境保护的重要性，认识到自己的行为对环境的影响，从而提高环保意识。环保教育可以通过学校教育、社区讲座、媒体宣传等多种形式进行。例如，学校可以在课程中加入环保内容，让学生从小培养环保意识；社区可以定期组织环保讲座，提高居民的环保知识；媒体也可以通过新闻、公益广告等方式，向公众传播环保信息。

2. 组织环保志愿者活动是激发公众参与热情的有效方式

通过参与环保志愿者活动，公众可以直接参与到环保工作中，从而增强环保责任感。环保志愿者活动包括清理垃圾、种植树木、保护野生动物等。这些活动也提供了一个认识环保的平台，让公众了解环保的最新动态，交流环保经验，提高环保技能。

3. 建立社区管理机制是提高公众参与度的重要途径

通过社区管理机制，公众可以直接参与到环境保护的决策和实施中，使环境管理更加符合社区的实际需要。例如，社区可以成立环保委员会，负责环境保护的规划和执行；社区也可以通过投票等方式，让居民参与到环保决策中。

（四）关注城市景观生态的修复

城市景观生态的修复是城市景观生态管理中的重要组成部分，涉及一系列科学方法和技术，旨在修复和重建已经受到破坏的生态系统。在过去的几十年里，随着城市化进程的加快，城市景观生态遭受了严重破坏，比如湿地消失、森林退化、物种丧失等。因此，关注并采取行动修复被破坏的城市景观生态，对于提升城市生态质量和保障城市可持续发展具有重要意义。

湿地修复是一个重要的生态修复领域。湿地是具有丰富生物多样性的重要生态系统，为许多物种提供了生存和繁衍的场所，同时也为城市提供了防洪、净化水质、碳储存等重要生态服务。然而，由于城市扩张、污水排放等原因，许多城市湿地已经遭受严重破坏甚至消失。为了恢复被破坏的湿地，管理者需要采取一系列措施，包括恢复湿地水、种植本土植物、恢复湿地生物多样性等。这些措施不仅可以恢复湿地的生态功能，还可以提升城市的生态美学，为城市居民提供休闲和观赏的空间。

森林重建也是城市景观生态修复的重要部分。森林是地球上最重要的生态系统之一，它们为城市提供了一系列生态服务，包括空气净化、水源保护、碳吸存、生物多样性保护等。然而，由于城市化进程加快、非法伐木等原因，许多城市森林已经遭受严重破坏。为了恢复这些森林，人们需要采取一系列措施，如重新种植树木、恢复森林结构、保护森林生物多样性等。这些措施不仅可以恢复森林的生态功能，还可以为城市居民提供休闲场所。

需要注意的是，城市景观生态修复是一个长期和复杂的过程，需要管理者综合运用生态学、景观学、社会学等多学科的知识和技术。在这个过程中，管理者不仅需要关注生态修复技术的应用，也需要注重公众的参与和政策的支持。公众的参与可以增强生态修复的接受度和效果，例如，通过社区植树活动，公众可以直接参与到森林重建中，这不仅有助于提高公众的环保意识，也有助于提高生态修复的效果。政策的支持则为生态修复提供了必要的法律保障和资金支持，例如，政府可以通过立法保护重要的生态区域，提供资金支持生态修复项目，推动绿色建筑发展和城市可持续发展等。

此外，科学研究和技术创新也是推动城市景观生态修复的重要动力。科学研究可以为管理者提供更深入的理解和更有效的方法来恢复和管理城市景观生态。技术创新则可以帮助管理者更有效地应对生态修复中的各种挑战，例如，通过遥感技术，管理者可以对城市景观生态进行全面的监测和评估，以便更好地了解生态景观的健康状况和变化趋势。

第四节 城市产业生态管理

一、城市产业的概念与特点

（一）城市产业的概念

城市产业是指在城市区域内以城市资源为基础，通过人类的经济活动产生的与城市生活密切相关的产业。城市产业包括了传统的制造业、农业、建筑业等，同时也包括了现代服务业如金融、信息技术、教育、文化娱乐等。城市产业的发展不仅关系到城市的经济增长，也对城市的社会稳定、环境质量、居民生活等方面产生重要影响。

（二）城市产业的特点

1. 多样性和复杂性

城市产业具有多样性和复杂性的特点，它涵盖了从传统制造业到现代服务业的各种产业类型。这种多样性和复杂性使得城市产业具有很高的经济活力，可以适应不断变化的经济环境和市场需求。

2. 高度集聚

由于城市拥有丰富的人力资源、物质资源和信息资源，因此，城市产业往往具有高度集聚的特点。这种集聚效应使得城市产业在创新、效率、竞争力等方面具有优势。

3. 互动性和联动性

城市产业之间存在着紧密的互动和联动关系。例如，服务业的发展需要制造业的支持，制造业的升级又需要服务业的配套。这种互动和联动关系使得城市产业能够形成良性的发展循环。

4. 创新驱动

城市产业往往以创新为驱动力。城市的开放性、多元性以及丰富的人才资源和知识资源为产业创新提供了有利条件。这种创新不仅表现在技术创新，还包括商业模式创新、管理创新等。

二、城市产业生态管理的作用

（一）优化资源配置

资源配置是经济活动的核心，涉及如何有效地利用有限的资源以达到最优的经济效益。在城市产业生态管理中，优化资源配置意味着更高效、更经济、更环保地利用用人力资源、资本资源和自然资源。首先，有效的城市产业生态管理能够根据不同产业的特性和需求，以及城市自身的资源禀赋，进行科学的产业布局和产业结构调整，避免资源的浪费和过度使用。其次，有效的城市产业生态管理可以通过引导和规制，推动产业在生产过程中采用更环保、更节约的生产方式和技术，减少资源消耗，降低环境成本。最后，有效的城市产业生态管理还可以利用产业政策和市场机制，鼓励产业间的资源共享和循环利用，提高资源利用效率，推动城市的绿色发展。

（二）促进产业升级

产业升级是指通过技术创新、产品创新和组织创新，使产业从低附加值、低技术含量的阶段向高附加值、高技术含量的阶段转变。在城市产业生态管理的过程中，管理者通过一系列的措施和策略，促使城市的产业结构进行优化和升级。首先，管理者通过制定和实施一系列的政策和规划，为产业升级提供了必要的环境和条件。例如，制定鼓励高新技术产业发展的政策，提供研发资金支持，设立高新技术产业园区等，为企业提供了良好的创新环境；设立环保法规和标准，限制重污染产业的发展，促使企业采取更环保的生产方式。其次，管理者通过优化资源配置，为产业升级提供了必要的资源保障。例如，优化人才资源配置，吸引和培养高技术人才，提高城市产业的技术水平；优化资本资源配置，增加对高新技术产业的投资，支持企业的技术研发和产品创新。最后，管理者通过建立和完善市场机制，激发企业的创新动力，促使产业进行升级。例如，建立竞争机制，提高市场的活跃度和竞争性，刺激企业进行技术创新和产品创新；建立和完善知识产权保护机制，保护企业的创新成果，激励企业进行持续创新。

（三）保护城市环境

产业活动是城市环境污染的主要来源之一，如何在保证产业发展的同时，最大限度地减少对环境的影响，是城市产业生态管理者需要面对的重要问题。首先，管理者能够通过对产业活动的规范和控制，减少污染物的排放。这包括限制高污染、高耗能的产业活动，推动产业技术升级，以及实施严格的环保法规等。其次，管理者还可以通过促进绿色产业的发展，实现对环境的积极保护。绿色产业是指在生产过程中不产生或产生很少环境污染的产业，如可再生能源产业、环保技术产业等。这些产业在创造经济价值的同时，对环境产生了积极的影响。最后，管理者还可以通过推动循环经济的发展，实现资源的高效利用。循环经济是一种基于资源再利用和废物再生的经济模式，它能够减少资源消耗，降低环境压力。

（四）提高城市竞争力

城市的竞争力是由多个因素共同决定的，其中，产业是决定城市竞争力的核心因素之一。有效的城市产业生态管理能够促进城市产业的健康发展，提升城市的综合竞争力。一方面，管理者可以通过优化产业结构，提高产业的整体竞争力。优化产业结构主要是指调整产业的类型和比例，以适应经济发展的需要。例如，对于已经进入后工业化阶段的城市，管理者可以通过推动服务业和高科技产业的发展，提高产业的附加值，从而提升城市的经济竞争力。另一方面，管理者还可以通过提升产业的创新能力，提高城市的创新竞争力。产业创新是推动经济发展的重要动力，管理者可以通过建立创新平台，提供创新服务，以及实施创新政策等方式，促进产业的创新发展。此外，管理者还可以通过优化产业布局，提高城市的空间竞争力。合理的产业布局可以有效利用城市空间资源，提高城市的使用效率，同时也能够减少产业活动对城市环境的影响。

（五）实现可持续发展

可持续发展是指在满足当前需求的同时，不损害未来代际满足需求的能力。城市产业生态管理在实现这一目标方面发挥着关键作用。首先，管理者通过优化资源配置，促进资源的高效利用。这包括合理配置人力资源、资本资源和自然资源，减少资源浪费，提高资源利用效率。优化资源配置不仅有助于提高城市产业的生产效率，也有助于保护环境，延长资源的使用寿命。其次，管理者通过推动产业结构的优化和升级，促进经济的可持续发展。例如，鼓励绿色产业和循环经济产业的发展，减少对环境的负面影响，提高经济的绿色化程度。再次，通过保护城市环境，保证城市的生态可持续性。例如，限制污染产业的发展，推动产业技术升级，实施严格的环保法规，减少环境污染，保护城市的生态环境等。最后，管理者通过提高城市竞争力，保证城市的社会可持续性。例如，促进产业发展，创造就业机会，提高居民的收入水平，提高城市的社会稳定性和居民的生活满意度等。

三、城市产业生态管理的措施

（一）制定和实施产业政策

城市产业政策是城市产业生态管理的重要组成部分，旨在明确产业发展的方向，提供发展的路径，以及为产业的发展提供所需的各类资源和支持。例如，通过优惠税政、资金支持、人才政策等方式，对特定产业或特定类型的企业给予优惠和支持，从而引导和鼓励他们的发展。

在制定产业政策时，管理者需要充分考虑城市的资源禀赋、发展优势、产业基础、市场需求等因素，以确定最适合的产业发展方向和重点。同时，政策的制定还需要参考国家的产业政策和发展战略，以确保城市产业的发展与国家的发展方向一致。

在实施产业政策时，城市管理者需要建立有效的政策执行机制，包括政策的宣传、解释、执行、评估和反馈等环节。这既包括政策的顶层设计，如制定政策目标、内容、标准等；也包括政策的实施过程，如政策的执行、监管、评估等。其中，政策的执行和监管是保证政策有效实施的关键环节，需要通过建立政策执行的责任机制，明确各方的责任和义务，确保政策的执行不偏离既定的目标和路径。

同时，产业政策也需要注重环保和可持续发展。这意味着在制定和实施产业政策时，需要考虑产业发展对环境的影响，限制或禁止污染严重的产业发展，推动清洁和绿色产业的发展。这不仅有助于保护城市的生态环境，也有助于提高城市产业的竞争力，吸引更多的投资和人才，进而推动城市的经济发展和社会进步。

（二）优化资源配置

资源配置是指在有限的资源条件下，通过某种方式将资源分配到各个产业和企业，以实现资源的最优利用。在城市产业生态管理中，优化资源配置是一个必要的措施，优化资源配置可以提高资源的使用效率，提升城市产业的竞争力，促进城市的经济发展。城市的资源包括人力资源、资本资源、自然资源等多种形式，城市资源配置的优化也可以从这三个方面着手。

1. 人力资源的优化

人力资源是城市产业发展的基础，包括各类技术人才、管理人才、创新人才等。优化人力资源配置，是指通过各种方式，如教育培训、人才引进、激励机制等，吸引和培养高技术人才，提高城市产业的技术水平和创新能力。

2. 资本资源的优化

资本资源是城市产业发展的重要支持，资本资源包括各类投资、贷款、补贴等。优化资本资源配置，是指通过金融政策、投资引导、风险保障等方式，增加对高新技术产业的投资，支持企业的技术研发和产品创新，提高城市产业的资本效率和创新活力。

3. 自然资源的优化

自然资源是城市产业发展的基础条件，包括土地、水、矿产等。优化自然资源配置，是指通过资源管理、环保政策、循环利用等方式，提高资源的利用效率，减少资源的浪费，保护环境的可持续发展。

（三）建立和完善市场机制

建立和完善市场机制，是城市产业生态管理的重要举措，对于提升城市产业的竞争力、推动产业结构的优化升级，都有着重要的作用。

1. 建立公平的市场竞争环境，是市场机制的基础

公平的市场竞争环境，可以激发企业的竞争动力，促使企业通过提高产品质量、降低生产成本、提升服务水平等方式，提高自身的竞争力。为了实现这一目标，政府需要出台法律法规，防止垄断和不公平竞争，保护市场的公平性。

2. 建立和完善知识产权保护机制，是市场机制的关键

知识产权保护机制可以保护企业的创新成果，激励企业进行持续创新，推动产业的技术进步。因此，政府需要颁布知识产权法，保护企业的知识产权，打击侵权行为，建立和完善知识产权保护体系。

3. 建立健全产业监管机制，是市场机制的重要组成部分

产业监管机制可以监督和约束企业的行为，保护消费者的权益，促进市场的公平和透明。为了实现这一目标，政府需要建立和完善产业监管体系，强化监管力度，提高监管效率。

（四）加强环境管理和保护

城市产业发展的同时，环境保护同样不可忽视。城市环境是居民生活的基础，也是产业发展的基石。如果忽视环境保护，过度开发，可能会导致环境恶化，生态破坏，最终影响城市的可持续发展。因此，城市产业生态管理也需要高度重视环境管理和保护，实现产业发展与环境保护的双重目标。

首先，政府需要实施严格的环保法规。环保法规是约束企业行为，保护环境的重要手段。通过环保法规，可以规定企业的环保责任，限制污染物的排放，保护空气、水和土壤的质量。同时，环保法规也可以鼓励企业采用清洁生产技术，减少污染排放，实现绿色发展。

其次，政府需要推动绿色生产和消费。绿色生产和消费不仅可以减少污染物的排放，提高资源的利用效率，还可以开创新的市场机会，提升企业的竞争力。因此，城市需要通过政策引导，鼓励企业采用环保技术，改进生产过程，提高资源利用效率；同时，也需要通过公众教育，提高公众的环保意识，推动绿色消费。

最后，政府需要加强环保监管。环保监管是保证环保法规得到实施，绿色生产和消费得到推广的重要手段。通过环保监管，可以及时发现和处理环保问题，保护城市环境，维护公众利益。因此，政府需要建立健

全环保监管体系，加大环保监管力度，提高环保监管效果。

（五）提高公众参与度

公众作为城市的构成部分，其观点、需求和满意度对城市产业发展的影响不容忽视。通过积极引导和鼓励公众参与，可以提高城市产业生态管理的透明度，提升公众对城市产业发展的满意度，从而提升城市的整体形象和竞争力。

公众参与的形式可以多样化。例如，公开产业政策和信息，接受公众的监督和建议，这是最基本也是最直接的公众参与方式。公开产业政策和信息可以让公众了解城市产业政策的制定过程和内容，可以增加公众的参与感，从而提升公众对政策的认同度。同时，公众的监督和建议也可以帮助政策制定者发现问题，改进政策，提高政策的有效性。

此外，鼓励公众参与企业的社会责任活动，也是提高公众参与度的有效途径。企业作为城市产业的重要组成部分，其社会责任的履行直接影响到公众的利益。通过参与企业的社会责任活动，公众可以更深入地了解企业的运营模式，评价企业的社会责任履行情况，从而提升企业的社会形象，提高公众的满意度。

（六）强化城市与产业间的联动

在全球化和网络化的背景下，城市与产业的关系越来越紧密，城市与产业的联动对城市产业发展的影响越来越大。因此，城市产业生态管理需要强化城市与产业间的联动，优化城市与产业的关系，提高城市产业的整体效率和竞争力。

城市与产业间的联动可以通过产业链、供应链的方式实现。城市中的多个产业，通过产业链、供应链的链接，可以形成紧密的合作关系，实现资源的共享，提高整体效率。例如，高科技产业可以与教育和研究机构紧密结合，促进人才和知识的流动，提升城市的创新能力；制造业可以与物流和零售业紧密结合，提高产品的流通效率，降低运营成本。城市与产业间的联动，可以提升城市产业的整体竞争力，推动城市经济的快速发展。

城市与产业间的联动，也可以通过政策的引导和激励实现。政府可以制定一系列的政策，如税收优惠、资金支持、产业园区建设等，来引导和激励产业间的合作，促进城市与产业间的联动。政府还可以通过政策，引导产业向绿色、环保、高效的方向发展，推动城市的可持续发展。

城市与产业间的联动还需要强化信息的共享和交流。城市产业生态管理部门可以搭建信息共享平台，提供产业发展的信息服务，促进产业间的信息交流，提高城市产业的响应速度和决策效率。

第五节　城市文化生态管理

一、城市文化的概念与特点

（一）城市文化的概念

城市文化是在城市环境中逐渐形成并不断发展的一种文化形态，它包括了城市的历史文化、生活文化、科技文化、艺术文化等多个方面。城市文化是城市的灵魂，在一定程度上展现了一个城市的历史背景、经济发展、社会风尚、科技进步、艺术成就等。城市文化的存在和发展，不仅提升了城市的吸引力和竞争力，也丰富了城市居民的精神生活，提高了城市的综合素质。

（二）城市文化的特点

1.多元性

城市文化具有丰富的多元性，它包括了各种文化形态，如历史文化、生活文化、科技文化、艺术文化等，这些文化形态相互交融，共同构成了城市文化的多元性。

2. 开放性

城市文化具有开放性，它容纳了多种文化元素，受到了多元文化影响。这种开放性使得城市文化在不断地交流和碰撞中，融入了新的元素，产生了新的发展。

3. 时代性

城市文化具有时代性，它反映了社会的发展趋势，表现了时代的精神面貌。城市文化是社会发展的镜像，是时代进步的标志。

4. 持续性

城市文化具有持续性，它是在城市的历史长河中逐渐形成、积累和发展的。这种文化积累不仅包括物质文化遗产，如建筑、艺术作品等，还包括非物质文化遗产，如习俗、传统技艺等。这种持续性使得城市文化具有深厚的历史底蕴和文化内涵。

5. 独特性

每一个城市都有其独特的文化，这种文化独特性是由城市的历史背景、地理环境、民族特色、经济发展等因素共同塑造的。城市文化的独特性使得每一个城市都有其独特的魅力和吸引力。

6. 影响性

城市文化具有广泛的影响力，它对城市居民的价值观、生活方式、行为模式等都有着深远的影响。同时，城市文化也通过各种方式，如媒体、旅游、对外交流等，对外部世界产生影响，促进了城市形象地对外传播。

二、城市文化生态管理的作用

（一）提升城市软实力

城市软实力的提升是一个全面而复杂的过程，其中城市文化生态管理所起到的作用至关重要。城市文化生态管理有助于挖掘城市中的文化元素，例如，城市历史、城市艺术、城市建筑等，使之成为城市软实力的重要部分。具体而言，城市文化生态管理对于城市软实力提升的促进作用主要体现在以下几个方面。

1. 塑造城市的文化形象

一个城市的形象不仅仅是建筑、景观和设施，更重要的是由其历史、文化和社会活动共同塑造出的独特印象。通过对历史遗迹、艺术机构、公共活动等进行有效管理，可以打造出具有吸引力和影响力的城市形象，进而提升城市的软实力。

2. 增强城市的文化吸引力

城市的文化资源，如博物馆、艺术展览、音乐会、戏剧表演等，都是吸引游客、市民和投资的重要因素。有效的城市文化生态管理可以促进文化资源的开发和利用，提高城市的文化吸引力，吸引更多的人才、资本和信息流入城市。

3. 提升城市的文化影响力

通过对文化活动、文化机构和文化人才的管理，城市的文化创新、文化传播和文化交流将变得更为活跃，城市在全球文化地图中的地位和影响力也将有所提高。例如，对电影、音乐、艺术等文化产业的扶持，可以使城市成为文化创新的中心；对文化交流活动的组织，可以使城市成为文化交流的枢纽。

（二）促进社会和谐

城市文化生态管理对于社会和谐的促进作用主要体现在以下几个方面。

1.传播和弘扬社会主义核心价值观

城市文化是价值观的载体和传播渠道，通过对城市文化的管理，可以更好地传播和弘扬社会主义核心价值观，增强社会主义道德意识，塑造良好的社会风尚。例如，利用公共空间展示优秀文化艺术作品，通过媒体传播先进社会理念，通过组织文化活动推广健康生活方式，等等。

2.加强社区凝聚力

社区是城市的基本单元，而城市文化是社区的灵魂，是连接社区居民的纽带。通过对社区文化的管理，可以促进社区居民的交流与合作，增强他们的社区认同感和归属感，推进社区精神文明建设。

3.提升社会包容度

城市是多元化的，包括各种不同的群体，如不同的民族、宗教、年龄、性别、职业等。通过对多元文化的管理，可以充分尊重和保护各种群体的文化权益，促进不同群体之间的理解和接纳，形成包容性的城市文化，增强社会的和谐性。

（三）保护和传承文化遗产

城市文化遗产是城市历史和文化的重要载体，对于维护城市的文化多样性，传承城市的历史和文化，都有着重要的作用。城市文化遗产是城市文化的重要组成部分，城市文化生态管理也是保护和传承文化遗产的关键。

1.保护文化遗产免受破坏

由于城市化进程的加速，文化遗产面临着被忽视、被破坏、被边缘化的风险。通过对文化遗产的管理，可以对文化遗产进行科学的保护，使之免遭无知、贪婪和短视之人的破坏。

2. 促进文化遗产传承

文化遗产不仅是历史的见证，也是文化的延续。通过对文化遗产的管理，可以把文化遗产的精神内涵和历史价值传承下去，使之成为城市历史和文化的永恒记忆。

3. 促进文化遗产的利用

文化遗产是城市的宝贵资源，具有很高的历史价值、艺术价值和观赏价值。通过对文化遗产的管理，可以把这些价值转化为实际的社会效益和经济效益，如吸引游客、提升城市形象、促进文化产业发展等，进而提高城市文化吸引力。

（四）推动文化创新

在当前全球化和信息化的背景下，文化创新已经成为城市发展的重要驱动力，而城市文化生态管理则是推动文化创新的重要工具。

1. 提供良好的文化创新环境

城市是文化创新的重要场所，而良好的环境是文化创新的重要条件。通过对文化资源、文化设施、文化活动等的管理，可以为艺术家、创意人士和文化机构提供创新的空间和机会。

2. 提供丰富的文化创新资源

城市拥有丰富的文化资源，如历史遗迹、艺术作品、民俗活动等，这些资源是文化创新的重要源泉。通过管理这些资源，可以使之更好地服务于文化创新。

3. 促进文化创新的交流和合作

文化创新需要不同视角和思想的碰撞，而交流和合作则是实现这种碰撞的重要方式。通过对文化交流活动的管理，可以促进各种不同的文化元素和创新思想的交融，从而促进文化创新。

三、城市文化生态管理的措施

（一）培养文化生态意识

文化生态意识是指对文化多样性、文化共存、文化互动等现象的认识和理解。具有文化生态意识的人，会尊重不同文化的差异，欣赏文化的多样性，理解文化的相互依赖和共生关系，支持文化的创新和发展。

培养文化生态意识，首先需要教育。管理者应该在学校教育中，加强对文化生态的教学，让学生从小就了解文化生态的重要性，形成对不同文化的尊重和理解。同时，管理者也应该在社区教育和成人教育中，加强对文化生态的宣传和教育，让更多的人了解和理解文化生态。

其次，管理者需要通过媒体和公共宣传，提高社会对文化生态的关注度。管理者可以通过电视、网络、报纸等各种媒体，广泛宣传文化生态的概念和理念，展示各种文化的魅力和价值，引导社会公众关注和理解文化生态。

再次，管理者需要在政策制定和实施中，充分考虑文化生态的因素。管理者应该制定和实施一系列的政策措施，以保护和促进文化的多样性，支持和鼓励文化的创新和发展，促进各种文化的互动和共生。

最后，管理者需要通过实践，让人们亲身体验和实践文化生态。管理者可以举办各种文化活动，如文化节、艺术展览、音乐会等，让人们在参与和体验中，深入了解和感受各种文化，增强他们的文化生态意识。

（二）建立文化资源数据库

城市的文化资源是构成文化生态的基础，包括了物质文化和非物质文化两大类。由于这些资源的多样性和分散性，往往很难进行全面和有效的管理。因此，建立一个文化资源数据库成为对城市文化生态进行有效管理的一项重要任务。文化资源数据库是一个系统化、结构化、动态化的信息管理系统。它通过收集、保存和更新所有的城市文化资源，提供了全面、准确和及时的文化资源信息服务。通过文化资源数据库，可以更好地了解和管理城市的文化资源，为文化生态的保护和发展提供强有力的支持。

文化资源数据库的建立，需要管理者进行大量的数据收集和整理工作。这包括了对各种文化资源的调查和研究，对文化资源信息的收集和整理，对文化资源信息的分类和编码，以及对文化资源信息的输入和更新等。收集和整理数据是一个需要长期坚持和细致工作的过程，需要投入大量的人力和物力。文化资源数据库的建立，还需要管理者建立一套科学和规范的数据管理制度。这包括了对数据收集、数据处理、数据保存、数据更新、数据使用等各个环节的规范和要求，以确保数据的准确性、完整性和安全性。

此外，文化资源数据库的建立，也需要管理者引入先进的信息技术和管理技术。通过引入数据库技术、网络技术、数据分析技术等，管理者可以提高数据库的管理效率和服务质量，满足各种用户的需求。当然，文化资源数据库的建立，不仅是一个技术问题，更是一个社会问题。管理者需要广泛动员社会各界的力量，包括政府、学校、研究机构、社区、企业、个人等，共同参与到文化资源数据库的建立和维护中来。只有这样，才能确保文化资源数据库的全面性和活力，为城市的文化生态提供强有力的支持。

（三）保护和推广本地文化

本地文化是城市的灵魂和魅力所在，它赋予城市独特的身份和韵味，丰富了城市的文化生态。然而，随着城市化和全球化的推进，本地文化面临着被边缘化和消解的风险。为了保护和推广本地文化，在城市文化生态管理中，管理者需要采取一系列的措施。

1. 识别和保护本地文化遗产

本地文化遗产是本地文化的载体和象征，包括建筑、公园、广场、街道、习俗、语言等。管理者需要通过调查和研究，识别出具有历史和文化价值的遗产，进行保护和修复。同时，管理者也需要根据相关法律和政策，制定出一套完善的文化遗产保护制度，以防止文化遗产被破坏或消失。

2. 发展和传承本地文化产业

本地文化产业是本地文化的生产和传播者，包括艺术、文学、音乐、电影、戏剧等。管理者需要通过政策扶持和市场开发，发展出一批有特色的本地文化产业，提供更多的就业和创业机会。同时，管理者也需要通过教育和培训，培养出一批有技术和素质的文化人才，为文化产业的发展提供人才支持。

3. 组织和参与本地文化活动

本地文化活动是本地文化展示和交流的平台，包括文化节、艺术展览、音乐会、戏剧表演等。管理者需要通过组织和参与各种文化活动，让更多的人了解和体验本地文化，增强人对本地文化的认同感和归属感。同时，管理者也需要通过活动，展示本地文化的魅力和价值，吸引更多人的参观和投资。

4. 创新和开放本地文化

本地文化不是封闭和固化的，而是开放和创新的。管理者需要通过学习和借鉴其他国家和地区的文化，丰富和更新本地文化的内容和形式。同时，管理者也需要通过创新和试验，发展出一些新的文化形式和内容，满足人们日益多样化的文化需求。

（四）推动公民参与

公民参与是实现城市文化生态管理的重要手段，它可以提升公民的文化认同感，增强文化的活力和影响力，提高管理措施的有效性。因此，管理者需要采取一系列的措施，推动公民的积极参与。

首先，管理者需要营造一个公平、开放、包容的公民参与环境。管理者需要制定和实施一系列的法律和政策，保障公民的参与权，消除参与的障碍。管理者需要建立和完善各种参与机制，如公民咨询、公民投票、公民论坛、公民委员会等，让公民能够方便、自由、平等地参与到城市文化生态的管理中来。管理者还需要通过公共教育和媒体宣传，提高公民的参与意识，增强他们的参与能力。

其次，管理者需要鼓励和支持公民的自我组织。公民的自我组织是公民参与的重要方式，它可以集中公民的力量，增强公民的影响力。管理者需要通过法律和政策，保障公民的自我组织权，支持公民的自我组织活动。管理者需要通过提供资源和技术支持的方式，帮助公民建立和运营自我组织。管理者还需要通过教育和培训，提高公民的自我组织能力，增强他们的自我组织效果。

最后，管理者需要把公民参与纳入城市文化生态的各个环节。无论是文化规划、文化决策、文化实施，还是文化评估，都需要公民参与。管理者需要听取公民的意见和建议，尊重公民的选择和决定，满足公民的需求和期待。管理者还需要让公民参与到文化活动的组织和实施中来，让他们成为文化活动的主人。

（五）建立有效的监管机制

城市文化生态的管理需要一个有效的监管机制来保障。这个机制要能保证政策的执行，防止文化资源的滥用，以及推动文化生态的可持续发展。下面几点是建立有效监督机制的关键。

1. 制定全面的政策和规定

管理者需要制定一系列全面的政策和规定，指导城市文化生态的管理。这些政策和规定应涵盖文化资源的保护、利用、传承等各个方面，明确各方的权利和责任，规范各方的行为。

2. 设立专门的监管机构

管理者需要设立专门的监管机构，负责城市文化生态的管理和监管。这个机构应具备一定的权威性和专业性，能够对文化资源的保护、利用、传承等进行有效的监管。

3. 建立健全的评价体系

管理者需要建立健全评价体系，评估城市文化生态的状态和进程。这个评价体系应包括一系列的评价指标、评价方法和评价程序，能够对城市文化生态的各个方面进行全面、准确、及时的评价。

4. 加强信息公开和提升透明度

管理者需要加强信息公开，提升透明度，让公众能够了解城市文化生态的管理情况。管理者需要及时公开政策、规定、评价结果等信息，接受公众的监督和评价。

5. 提高执法的严格性和公正性

管理者需要提高执法的严格性和公正性，确保政策和规定的执行。管理者需要对违法行为进行严厉的惩罚，对合法权益进行坚决的保护，对争议问题进行公正的处理。

第六章　城市生态管理的路径

第一节　构建和完善城市生态管理机制

一、建立健全城市生态管理的规章制度

城市生态管理的规章制度是保障城市生态管理有效进行的基础。立足于当前城市生态管理现状，笔者认为城市生态管理规章制度的建立健全可以从以下三个方面做出思考。

（一）规章制度的设计和制定

构建和完善城市生态管理的规章制度的首要步骤是对其进行设计和制定。这个阶段需要明确规章制度的主要目标和应用范围，制定具体的规则和程序。

1. 确定目标和范围

规章制度应明确其目标，如保护城市生态系统，改善城市环境质量，提高城市生态效率等。同时，规章制度应明确其适用范围，如适用于所有城市，或者只适用于特定的城市或区域。这些目标和范围应基于科学

研究和社会需求，以确保规章制度的科学性和适用性。

2. 制定规则和程序

规章制度应制定具体的规则和程序，用于指导和规范城市生态管理实践。这些规则和程序应涵盖城市生态管理的各个环节，如规划、实施、监管、评估等。同时，这些规则和程序应基于科学原则和管理经验，以确保规章制度的有效性和可操作性。

（二）规章制度的实施和监管

在设计和制定了规章制度后，管理者需要有效地实施和监管这些制度。实施和监管的要点主要包括以下几点。

1. 制度的传播和教育

规章制度的实施需要广泛传播和深入教育。管理者需要使用各种方式，如报告、培训、研讨会等，将规章制度传达给所有相关的人员和组织，如政策制定者、环境专家、公众等。相关人员和组织的意见可以帮助管理者了解和理解规章制度，提高他们的认知和接受度。同时，管理者也需要对相关人员和组织进行深入的教育和培训，使他们能够正确和有效地遵循规章制度，提高规章制度的实施效果。

2. 制度的执行和监管

规章制度的实施还需要严格的执行和有效的监管。管理者需要建立一个执行机构，负责规章制度的执行，如执行的准备、实施、执行的监管等。这个机构需要有足够的权威和资源，以确保规章制度的有效执行。同时，管理者需要建立一个监管机构，负责规章制度的监管，如检查、评估、处罚等。这个机构需要有足够的独立性和公正性，以确保规章制度的公平监管。

3. 制度的更新和优化

规章制度的实施也需要定期更新和优化。管理者需要定期收集和分析制度实施的数据和信息，如执行情况、监管结果、公众反馈等。这可以帮助管理者了解制度实施的实际效果和存在的问题，提供制度更新和优化的依据。同时，管理者需要根据这些数据和信息，及时调整和优化规章制度，以提高制度的适应性和有效性。

（三）规章制度的评价和反馈

在对规章制度实施和监管的同时，也需要注意对其进行适当的评价和反馈。以下是关于评价和反馈的一些主要的思考点。

1. 制度的评价

管理者需要建立一套科学和公正的制度评价机制。这包括对制度实施的效果、效率、公平性等多个方面的评价。例如，管理者可以通过对城市生态环境的改善程度、制度执行的成本、各方利益的分配等进行评价，来了解制度的实际效果。同时，管理者也可以通过对制度执行的流程、时间、不足等进行评价，来了解制度的实施效率。此外，管理者还可以通过对公众满意度、投诉、建议等进行评价，来了解制度的公平性和接受度。

2. 制度的反馈

管理者需要建立一套开放和透明的制度反馈机制。这包括对公众反馈的收集、处理、回应和公开。例如，管理者可以通过公众咨询、调查问卷、社区会议等方式，收集公众对制度的意见和建议。然后，管理者可以通过专家审查、数据分析、决策讨论等方式，处理和回应这些反馈。最后，管理者可以通过报告发布、新闻发布、网络公开等方式，公开管理者处理结果和决策过程，增加公众的信任和支持。

二、建立健全城市生态管理的监测评估机制

建立健全城市生态管理的监测评估机制对于实现城市的可持续发展至关重要。监测评估机制应当包括对自然环境、经济条件、社会因素等城市各项生态要素的全面监测，以及对这些数据的科学评估。具体而言，

主要包括以下几项。

（一）全面的城市生态监测系统

建立全面的城市生态监测系统是建立健全城市生态管理监测评估机制的一项重要任务。该监测系统要能全面覆盖城市的生态要素，包括自然环境、经济条件和社会因素等。在自然环境方面，监测系统需要管理者对空气质量、水质、土壤质量、生物多样性、生态系统健康等方面进行监测。这些监测数据可以帮助管理者了解城市的自然环境状况，识别潜在的环境问题，评估环境政策的效果。在经济条件方面，监测系统需要管理者对城市经济发展水平、产业结构、能源消耗、物质流动等方面加以监测。这些监测数据有利于管理者了解城市的经济状况，识别可能出现的经济问题，评估经济政策的效果。在社会因素方面，监测系统需要对人口密度、教育水平、健康状况、生活质量等方面实施监测。这些监测数据有助于管理者了解城市的社会状况，识别可能的社会问题，评估社会政策的效果。

为了实现全面的城市生态监测，管理者需要采用多种数据获取方式。传统的现场采样和观测方式仍然是获取数据的重要来源，但是，随着科技的进步，遥感技术、无人机巡检、物联网传感器等新技术也开始发挥重要的作用。这些新技术可以提供更高频率、更高精度、更大范围的监测数据，极大地提高了监测的效率和效果。公众的参与也是城市生态监测的重要组成部分。公众可以参与数据的收集和初步分析，提供地理位置信息，分享感受，甚至提出存在的问题和建议。公众参与不仅可以提高监测的范围和效率，也可以提高公众的环保意识和参与度，实现科研和社区的互动和共享。

在建立全面的城市生态监测系统的过程中，管理者还需要注意数据的管理和质量控制。管理者需要建立统一的数据管理平台，实现数据的集中存储、格式统一，以便易于查询和分析。管理者需要建立严格的数据质量控制制度，实现数据的准确性、可靠性和一致性。

（二）科学的评估方法和模型

在城市生态监测系统收集了全面的数据后，接下来的任务就是如何对这些数据进行科学的分析和评估，为城市生态管理提供决策依据。这需要管理者建立适用于城市生态系统的评估方法和模型。

在评估方法上，管理者可以借鉴和引用许多已经成熟的评估方法。例如，可以使用生态足迹方法，来评估城市的生态承载力和可持续性；可以使用物质流分析方法，来评估城市的能源和物质的流动和转化；可以使用社会网络分析方法，来评估城市的社会关系和结构。以上方法都有各自的优点和适用范围，需要根据具体的评估目标和情况，灵活选择和使用。

在评估模型上，管理者需要建立适应城市生态系统复杂性的模型。城市生态系统是一个复杂的系统，包含了多种元素、多层次的关系、多尺度的变化。因此，管理者需要使用系统科学和复杂性科学的理论和方法，建立包括环境模型、经济模型、社会模型等在内的多种模型，以及探索跨模型的整合方式。这些模型应当能够揭示城市生态系统的内在规律和动态变化，预测未来的趋势，评估各种管理措施的效果。

在使用评估方法和模型的过程中，管理者还需要注意评估的科学性和公正性。管理者需要使用科学的理论和方法，确保评估的准确性和可靠性；管理者需要公开评估过程和结果，确保评估的公正性和透明度。同时，管理者也需要定期的评估训练和审查，保持评估的专业性和时效性。

（三）评估结果的应用和反馈

评估结果应当被有效地用于决策过程中，以指导城市生态管理的实践。这需要管理者建立一个有效的评估结果传递和反馈机制。

在评估结果的传递上，管理者需要建立一套高效的传递流程，包括结果的报告、发布、解释、讨论等。管理者需要使用多种传递方式，如书面报告、口头报告、视觉图表、网络平台等，使不同的接收者都可以便利地获取和了解评估结果。

在评估结果的反馈上，管理者需要建立一套有效的反馈流程，包括反馈的收集、整理、回应、修改等。管理者需要鼓励和接受来自决策者、执行者、公众、专家等各方的反馈，例如，认真处理和回应宝贵反馈意见，对评估方法和模型进行必要的修改和优化。

三、建立健全城市生态管理的公众参与机制

在城市生态管理中，公众的参与是至关重要的。公众参与不仅可以增加管理的公开透明度，提高管理效果，还可以提升公众的环保意识和行动力。下面，笔者将从以下三个方面，详细论述如何建立健全城市生态管理的公众参与机制。

（一）公众教育与宣传

在城市生态管理中，公众教育与宣传是提高公众参与意识和能力的关键。管理者需要在公众中普及环保知识，提高公众的环保意识，鼓励公众参与环保活动。加强公众教育与宣传具体可以通过以下几个方面来实现。

1. 提供环保教育

管理者可以在学校、社区、公司等地方提供环保教育，让公众随时随地了解环保的重要性和必要性。管理者可以开设环保课程，组织环保讲座，出版环保书籍，制作环保影片等，让公众以不同的方式学习环保知识。

2. 进行环保宣传

管理者可以通过媒体、线上网络平台、线下活动等方式进行环保宣

传，让更多的公众了解到环保的现状和挑战，激发他们的环保情感。管理者还可以制作环保广告，撰写环保新闻，发布环保报告，举办环保展览等，让环保的信息在公众日常生活中随处可见。

3. 搭建环保平台

管理者可以通过搭建环保平台，提供公众学习、交流、参与环保的场所。管理者可以通过建设环保网站，开设环保论坛，建立环保社团，开展环保项目等方式，帮助公众方便地获取环保知识，分享环保经验，参与环保活动。

（二）公众参与的途径与方法

在城市生态管理中，管理者需要提供多种途径和方法，让公众可以方便地参与到管理中来。具体内容如下。

1. 提供参与渠道

管理者需要为公众提供多种参与渠道，例如，现场参与、网络参与、电话参与、邮件参与等，让他们可以根据自己的兴趣、能力、时间等选择合适的参与方式。

2. 设计参与活动

管理者需要设计各种参与活动，让公众可以实践参与到城市生态管理中来。这可以包括环保志愿服务、环保竞赛、环保调查、环保论坛等多种形式。

3. 提供参与支持

管理者需要为公众提供各种参与支持，例如，提供参与资讯、提供参与工具、提供参与培训、提供参与奖励等，降低他们参与的难度和成本。

（三）公众参与的反馈与评价

在城市生态管理中，管理者需要对公众的参与进行反馈和评价，这既可以增加公众参与的积极性，也可以提高公众的参与效果。

1. 提供参与反馈

管理者需要为公众的参与提供及时的反馈，例如，提供参与结果、提供参与评价、提供参与建议等，让他们可以了解自己的参与效果，调整自己的参与行为。

2. 开展参与评价

管理者需要对公众的参与进行定期评价，管理者进行参与调查、进行参与统计、进行参与分析、进行参与报告等，以便了解公众参与的情况，改进公众参与的机制。

3. 建立参与机制

管理者需要建立一个公正公开的参与机制，例如，设立参与规则、设立参与机构、设立参与程序、设立参与保障等，以保证公众参与的公平性，提升公众参与的信任度。

第二节　加强跨部门协同与合作

城市生态管理涉及许多领域和部门，实现城市生态管理的目标需要跨部门的协同与合作。关于如何加强跨部门协同与合作，笔者认为可以从以下三点做出思考，如图 6-1 所示。

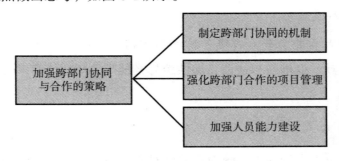

图 6-1　加强跨部门协同与合作的策略

一、制定跨部门协同的机制

城市生态管理需要有效的跨部门协同机制来实现各部门之间的有效合作和协调。跨部门协同机制的构建可以从以下几方面着手。

（一）制定跨部门沟通和信息共享机制

有效的跨部门协同需要有效的沟通和信息共享机制，具体内容体现在以下几个方面。

1. 定义各部门角色

为了实现有效的跨部门协同，必须明确每个部门在城市生态管理中的角色和职责。为此，各部门需要明确其职责范围，清楚地分配和确定各自在生态保护中的任务和目标。这需要各部门的领导者和决策者积极参与，确保他们对各自部门的职责和目标有深入理解。除此之外，应明晰各部门之间的工作界限，以防止资源浪费和重复工作。各部门明确各自工作职责的同时，还应共同朝着保护和管理城市生态的目标前进，积极共享信息资源，增强跨部门的团队合作精神。

2. 定期的跨部门会议

定期的跨部门会议是保持各部门工作步调一致的重要机制。跨部门会议应该有明确的议程，涵盖城市生态管理过程中面临的关键问题和挑战。各部门可以在会上分享信息，讨论新的策略和计划，解决工作上的冲突等，以增强部门之间的信任和理解。为了使这些会议更有效，管理者需要制定一套明确的规则和程序，包括如何决策，如何解决冲突，如何分享信息等。此外，为了确保每个部门的声音都被听到，会议应该鼓励开放和坦诚的讨论。

3. 建立信息共享平台

有效的信息共享平台是跨部门协同工作的关键组成部分。各部门可以在信息共享平台上共享、访问和更新信息。例如，部门可以共享各自的工作进度，面临的挑战，取得的成就和制订的计划，以便其他部门了解自己部门的工作状态。信息共享平台可以通过各种形式实现，包括内部网站、共享文档、数据库等。为了保护敏感信息，平台应该有明确的权限设置，确保只有授权的人员可以访问特定的信息。

（二）制定跨部门决策和冲突解决机制

在跨部门协同的过程中，可能会出现决策分歧和冲突。因此，需要制定明确的决策和冲突解决机制。

1. 制定公开、公正的决策流程

在跨部门协同的过程中，决策过程公开、公正至关重要。这意味着所有的决策都应该基于数据和证据，而不是个人的意愿或偏好。决策过程应保持公开透明，以确保所有相关部门都能清楚地了解做出某一决策的背景、理由以及将会产生影响。这有助于增加决策的公正性，减少误解和冲突，提高决策的接受度。为了实现这一目标，应制定一套明确的决策流程，包括如何收集和分析数据，如何讨论和评估选项，如何制定和执行决策等。

2. 建立有效的冲突解决机制

为减少或避免跨部门协同工作中可能遇到的冲突，建立一套有效的冲突解决机制十分必要。首先，明确冲突的定义和类型，以便正确识别和处理冲突。其次，制定一套明确的冲突解决流程，包括如何报告冲突，如何调查和评估冲突，如何制订和实施解决方案等。再次，可以设立专门的冲突解决小组或派遣专业人员处理跨部门的冲突。这些人员应该接受专门的培训，具备解决冲突的技能和知识。除上述方法外，还可以采用调解、仲裁等方式，帮助产生冲突的部门解决更复杂的冲突。

3. 建立跨部门的决策委员会

为了更好地协调各部门的利益和解决决策过程中的冲突，管理者可以设立一个跨部门的决策委员会。该委员会由各部门的代表组成，通过

定期举行会议的方式，讨论和解决重大的决策问题。委员会的工作应保持公开透明，所有的决策和讨论都应该记录并公开；委员会的决策应该基于事实和数据，进行科学合理决策，这样有助于增强决策的公正性和接受度，减少冲突，提高工作效率。

（三）制定跨部门协同的评估和激励机制

跨部门协同工作的有效开展离不开有效的评估和激励机制。具体而言，评估和鼓励机制的制定可从以下几方面着手。

1. 制定跨部门协同的评估机制

评估机制是确保跨部门协同有效运行的关键。评估机制应该包括对各部门在实现共同目标中的表现的量化评估和定性评估。量化评估包括衡量各部门实现其目标的速度和效率，以及他们对整体目标的贡献；定性评估则包括对各部门在协同工作中的行为、态度和效率的评估。量化评估和定性评估应定期进行，以便各部门及时发现和解决问题。

2. 制定跨部门协同的激励机制

除了评估机制，激励机制也是提高跨部门协同效率的重要管理工具。激励机制可以包括物质和精神两个方面：物质激励包括奖金、晋升机会、额外的资源等；精神激励则包括公开表扬、荣誉证书、更大的决策权等。激励机制应该与评估机制相结合，以确保那些在协同工作中表现优秀的部门和个人得到应有的奖励。

3. 保持评估和激励机制的公正和透明

对各部门人员的评估和激励应该基于明确的标准和数据，保证公正和透明。所有的评估和激励结果都应该公开，以便所有部门都能了解他们的表现，进而增强评估和激励机制的公正度，提高激励效果。

二、强化跨部门合作的项目管理

有效的项目管理机制包括项目计划、目标设定、资源调配、进度监控等，建立有效的项目管理机制，可以确保跨部门合作项目的顺利实施和目标的顺利达成。具体而言，强化跨部门合作的项目管理可以通过以下几个方面来实现。

（一）制订全面的项目计划和设定目标

在跨部门合作中，制订明确、全面的项目计划和目标至关重要。项目计划应该包括项目的任务分解、责任分配、时间表和预期结果。制订计划时，需要深入理解项目的需求、研究项目可能面临的挑战，并结合各个部门的特点、能力、需求，确保计划的公正性和可行性。

项目计划制订后，设定目标也十分关键。可以用 SMART 原则来设定目标，即目标应具有具体性 (Specific)、可衡量性 (Measurable)、可达成性 (Attainable)、相关性 (Relevant) 和时间限制 (Time-bound)。目标设定应该反映项目的期望结果，也应考虑各部门的需求和能力。此外，所有相关部门都应参与目标设定，以增强他们的参与感和责任感。

项目计划和目标设定不仅是项目开始的基础，也是项目管理的指南。在项目执行过程中，项目计划和目标应该是动态的，随着项目的进行和环境的变化进行调整。因此，制订项目计划和设定目标的过程应该是开放、透明和可参与的，所有相关部门都应参与和了解该过程。

（二）进行有效的资源调配

资源调配是项目管理的关键环节。资源调配涉及将人员、资金、设备和其他资源分配给各个部门，以帮助他们完成任务。因而，有效的资源调配需要考虑各个部门的能力、需求和优先级，以及项目的目标和时间表。在进行资源调配时，应考虑以下几点。

首先，应确保资源的公平分配。这意味着所有部门都应得到他们需要的资源，以完成他们的任务。其次，资源调配应考虑到项目的优先级。这意味着高优先级的任务应得到更多的资源。最后，资源调配应适应变

化。这意味着资源的分配应随着项目的进展和环境的变化而变化。资源
调配的目标是确保每个部门都有足够的资源来完成任务，同时避免资源
的浪费。为了实现这个目标，需要定期进行资源审查和调整，以确保资
源的有效使用。

（三）实施严格的进度监控

项目进度的监控是确保项目按计划进行，以及目标按预期时间达成
的关键。监控项目进度包括对各个部门完成任务的速度、项目的整体进
度，以及对可能出现的问题和延误的监控。通过定期的项目进度汇报和
开会等项目进度监控方式，可以及时发现存在的问题，及时调整计划或
者资源，以确保项目的顺利进行。

进度监控的实施需要有明确的标准和程序。首先，应该制定明确的
进度监控标准，包括任务完成的标准、时间表和预期结果。其次，应制
定明确的进度报告和会议程序，包括报告的格式、报告和会议的频率、
会议参与人数等。所有相关部门都应参与进度监控，以增强他们的责任
感和参与感。进度监控的目标不仅是监控项目的进度，还包括提高项目
的效率和效果。通过监控项目进度，可以发现项目问题，提供项目反馈，
促进项目改进。因此，进度监控不应该只是对过去的评价，还应该是对
未来的指导。

（四）实施项目评估和改进

项目结束后，应进行项目评估，以了解项目取得的成果、产生的影
响和存在的问题。评估结果应用于改进未来的项目管理，例如，改进计
划制订、资源调配、进度监控等。评估结果也应用于激励和奖励那些在
项目中表现优秀的部门和个人。项目评估应该是全面的、公正的、透明
的：应评估项目的所有方面，包括过程和结果，质量和效率，成本和效
益，影响和满意度等；应该基于事先设定的标准和指标评估，避免主观

臆断；应保证评估过程和结果的公开透明，鼓励各相关部门积极参与和了解。

项目改进也是项目管理过程中的重要一环。管理者可以从评估结果中吸取经验教训，找出存在的问题和改进的方法。例如，如果发现资源调配不合理，可以改进资源调配的方法；如果发现进度监控不到位，可以完善进度监控的标准和程序。

三、加强人员能力建设

（一）识别协同需求

在进行人员能力建设以加强跨部门协同与合作时，首先需要识别协同需求。这一步骤是为了分析城市管理中存在的跨部门协同问题和挑战，确定需要加强协同与合作的领域和重点。在识别协同需求时，需要进行全面的需求分析。例如，对城市管理的各个方面进行深入研究，了解各个部门在城市管理中的角色和任务，了解各部门的需求和挑战以及在跨部门协同中遇到的问题和难点。识别协同需求需要通过深入访谈、问卷调查或者工作访问等方式获取全面和真实的信息。识别协同需求需要进行全面的问题分析。这包括分析城市管理中的问题，分析这些问题的原因和影响，分析如何通过跨部门协同来解决这些问题等。进行全面的问题分析需要通过深入研究、讨论或者咨询等方式实现。

（二）制订培训计划

根据识别的协同需求，需要制订培训计划，明确培训的目标、内容和方法。制订培训计划时，首先，需要明确培训的目标。目标包括长期的目标和短期的目标，全面的目标和具体的目标。目标应该反映协同需求，应该是具体、明确、可衡量的，应该有助于提高人员的协同能力。其次，需要确定培训的内容。培训内容可以包括跨部门沟通技巧、团队合作与协调、问题解决和决策能力等。内容应该反映协同需求，应该是实用的、相关的，应该有助于解决实际问题。最后，需要确定培训的方法。方法包括讲座、研讨会、案例研究、角色扮演、模拟训练等，包括面对面的培训、在线培训、自我学习等。方法应该适应参训者的需求和特点，应该有助于其学习和应用。

（三）组织跨部门交流活动

定期组织跨部门交流活动，例如，部门间的座谈会、工作组会议或培训班等。这些活动可以提供一个开放的环境，鼓励不同部门之间的合作和互动。例如，座谈会可以提供一个非正式的交流环境，让人员自由地交流和讨论，分享他们的想法和经验；工作组会议可以让人员聚焦特定的问题和任务，进行深入的讨论和合作；培训班可以提供一个学习的环境，让人员学习新的知识和技巧，提高他们的能力。组织跨部门交流活动需要有明确的规划和实施方案，需要确定活动的目标和内容，需要选择合适的时间和地点，需要进行有效的宣传和管理。只有这样，才能确保活动的成功开展，才能确保人员积极参与并有所收获。

（四）跟踪评估与改进

跟踪评估的目标是获取反馈，了解培训的效果，了解协同能力的改进情况。评估应该是定期的、全面的、公正的。评估的标准应该反映协同需求，反映培训的目标，有助于评估改进和发展。改进的目标是根据评估的结果，调整和优化培训计划，提高培训的效果，提高协同能力。改进应该是及时的、灵活的、持续的。改进的策略应该反映评估的结果，反映新的需求和情况，有助于学习和发展。建立跟踪评估和改进机制需要有明确的规划和实施方案。需要确定评估的标准和方法，收集和分析数据，需要进行有效的反馈和改进。只有这样，才能确保评估的有效性，才能确保改进的成功。

第三节　利用科技推动城市生态管理的升级

一、利用信息技术提升城市生态管理的能力

信息化时代，信息技术已经渗入城市生态管理的方方面面。信息技术可以对大量的数据进行高效处理和分析，从而帮助城市管理者更好地掌握城市生态系统的运行情况，进行科学的决策，提高城市生态管理的效率和效果。下面，笔者将详细论述物联网在城市基础设施管理中的应用，数字化和自动化工具在城市公共服务和社区管理中的应用，以及信息技术在提升城市居民生态意识和参与度中的作用。

（一）物联网在城市能源、水资源、交通等基础设施管理中的应用

物联网是指通过信息传感设备，例如，射频识别（RFID）、红外感应器、全球定位系统（GPS）、激光扫描器等，把各种实物与互联网连接起来，进行信息交换和通信，实现智能化识别、定位、跟踪、监控和管理的信息承载体。在城市生态管理中，物联网技术能够帮助管理者更好地管理城市的能源、水资源、交通等基础设施。

在能源管理方面，物联网可以通过智能电网（Smart Grid）实现电力供需的实时平衡，提高能源使用效率，减少能源浪费。例如，通过安装智能电表，实时监控和管理每户居民的电力使用情况，按需分配电力，避免电力供应过剩或不足。此外，智能电网还可以集成可再生能源，如太阳能、风能等，进一步提高能源利用效率，降低碳排放。

在水资源管理方面，物联网可以通过智能水务系统实现水资源的实时监测和管理。例如，通过安装水质监测设备和智能水表，实时监控水质情况和水资源使用情况，及时发现和处理水质问题，避免水资源浪费。

通过智能灌溉系统，可以根据作物需求和天气情况，精确控制灌溉量，提高水资源利用效率，保护水资源。

在交通管理方面，物联网可以通过智能交通系统实现交通的实时监控和管理。例如，通过安装交通监控设备和车载信息系统，可以实时获取交通流量、交通状况等信息。通过智能信号控制系统和交通导航系统，可以有效地调控交通流量，提高交通效率，减少交通拥堵。通过智能停车系统，可以有效地管理城市的停车资源，减少空车行驶，降低碳排放。

总之，通过物联网实时的信息采集、传输和处理技术，管理者能够更好地了解和管理城市的能源、水资源、交通等基础设施，为构建绿色、智能、高效的城市生态系统提供了有力的技术支持。

（二）数字化和自动化工具在城市公共服务和社区管理中的应用

随着数字化和自动化技术的发展，越来越多的城市公共服务和社区管理任务开始由数字化和自动化工具完成，大大提高了工作效率和服务质量。

在城市公共服务方面，数字化和自动化工具可以提供许多便捷的服务，如在线支付、智能导航、在线预约等。例如，通过手机 APP，居民可以随时随地支付水电费、预约医疗服务、查询交通情况，大大提高了生活便利性。智能机器人也开始在公共服务领域发挥作用，如扫地机器人、送餐机器人、医疗机器人等，它们可以提供 24 小时不间断的服务，提高服务效率。

在社区管理方面，数字化和自动化工具可以帮助社区管理者更好地执行管理任务，提高管理效率。例如，通过安装智能监控系统，可以实时监控社区的安全状况，及时发现并处理安全问题。通过使用社区管理软件，可以方便地进行居民信息管理、公共设施管理、投诉建议处理等任务，提高管理效率。

（三）信息技术在提升城市居民生态意识和参与度中的作用

信息技术，尤其是互联网和社交媒体，为城市居民提供了丰富的生态环保信息，大大提高了他们的生态意识和参与度。例如，通过网络新闻、社交媒体、在线教育等渠道，居民可以了解到各种环保知识、绿色生活方式、环保政策等信息，提高他们的生态意识。同时，互联网和社交媒体也为居民提供了一个方便的平台，例如，签名活动、捐款活动、在线论坛等。让他们可以更容易地参与到环保活动中去。

信息技术还可以帮助管理者更好地与居民沟通，了解他们的需求和意见，提高公众参与度。例如，通过在线问卷调查、社交媒体互动、公众参与平台等工具，管理者可以及时了解和回应居民的关切，提高公众满意度。通过开放数据、透明化信息，管理者可以增强公众对城市生态管理的信任和支持。

二、利用大数据和人工智能辅助城市生态管理决策

（一）利用大数据辅助城市生态管理决策

数字化时代，大数据已经深刻改变了人类理解和塑造世界的方式。特别是在城市生态管理决策中，大数据的应用不仅有助于人类更全面地了解环境现状，也为人类提供了理解和预测环境变化的可能性。

通过收集和整理各种城市环境信息，大数据为管理者揭示了城市环境的全貌。通过实时监测气候、空气质量、水质、土壤质量和生物多样性等生态要素，管理者可以获取到大量环境数据。这些信息的整合能够帮助管理者全面理解城市环境现状，深化对城市生态系统的认识，进而制定出更有效的管理策略。

在对环境变化趋势的理解方面，大数据的应用更是不可或缺。通过对历史数据的深度挖掘，管理者可以揭示环境变化的模式，预测未来可能出现的趋势。这种预测能力可以让管理者在环境问题还未出现或者刚

刚出现的时候就采取相应的措施，防止问题的进一步恶化。

在决策优化方面，大数据的应用则体现在数据驱动的决策模型上。这种模型可以让管理者更科学、更精确地制定出管理策略，进而实现环境质量的提升和生态系统的恢复。通过实时监测管理效果，管理者可以及时调整策略，确保管理目标的实现。

当然，利用大数据进行城市生态管理也面临着诸多挑战，例如，数据的收集和整理、数据的安全和隐私保护、数据的分析和解读能力等。面对挑战，管理者需要不断地探索和创新，以充分利用大数据的潜力，推动城市生态管理的升级。

（二）利用人工智能辅助城市生态管理决策

在城市生态管理中，人工智能的引入使得管理者可以处理更复杂的环境问题，制定出更精确的管理决策，实现更有效的管理。人工智能能通过机器学习等方法，从大量的环境数据中学习和识别模式，预测未来的环境变化趋势。这种预测能力可以提醒管理者提前做好准备，提前布局，以应对可能出现的环境问题。人工智能也可以用于优化城市生态管理决策。例如，人工智能技术中的强化学习功能可以帮助人工智能在不断的尝试和学习中找到最优的管理策略。这种数据驱动和自我学习的决策方式减少了人为的误判，使得管理策略更加科学和精确。

在智能化城市生态管理中，人工智能也发挥着重要的作用。通过与物联网、无人机等技术的结合，人工智能可以实时监测和控制城市环境的各个方面。例如，人工智能驱动的空气质量监测系统可以实时了解空气质量的变化，并及时采取措施改善。人工智能驱动的垃圾分类和回收系统，可以实现垃圾的减量和资源的再利用。

然而，人工智能在城市生态管理中的应用也面临着一些挑战。例如，人工智能的应用需要大量的数据和强大的计算能力，这可能会带来技术和资源的压力。再者，人工智能的决策过程通常是"黑箱"的，这可能会引发关于透明度和责任的问题。最后，人工智能的误判和滥用可能会带来环境和社会的风险。上述挑战提醒管理者，要谨慎而智慧地使用人工智能，加强人工智能领域的技术、政策、伦理、探索和创新，以确保其在城市生态管理中的正面影响。

三、利用新材料和新技术改善城市环境

改善城市环境是城市生态管理的一项重要任务，而利用新材料和新技术对于改善城市环境能够发挥非常大的作用。具体而言，新材料和新技术在改善城市环境中的利用主要体现在以下三个方面。

（一）新材料在城市基础设施中的应用

在城市生态系统中，基础设施扮演着至关重要的角色。例如，建筑物、道路、桥梁等都是城市基础设施的组成部分，它们对城市生活的质量，以及城市环境的影响都非常显著。新材料的使用，可以在许多方面改善城市基础设施，降低其对环境的影响。

绿色建筑材料是一种新型的建筑材料，其主要特点是环保和可持续。这类材料在生产和使用过程中产生的环境污染较小，同时具有更好的节能和绝缘性能，可以降低建筑物的能源消耗。许多绿色建筑材料还具有良好的再生性，可以在使用结束后进行回收利用，从而降低资源消耗。因此，使用绿色建筑材料可以在提高城市基础设施质量的同时，降低其对环境的影响。

除了绿色建筑材料外，还有许多其他类型的新材料可以用于城市基础设施建设。例如，柔性混凝土和自修复混凝土可以提高道路和桥梁的耐久性，降低维护成本；LED 灯具和智能照明系统可以提高城市照明的能效，降低能源消耗；高性能隔热材料和智能窗户可以提高建筑物的热效率，降低冷暖空调的能耗等。

当然，新材料的使用并非没有挑战。新材料的研发和生产成本往往

较高，这可能会增加城市基础设施的建设和维护成本；新材料的性能和耐久性可能还需要经过长期的实验和验证，这可能会限制其在大规模基础设施建设中的应用；新材料的使用可能需要配套的设备和技术支持，这也可能增加城市基础设施建设和管理的复杂性。

（二）新技术提高资源利用效率

城市环境改善过程中的一项重要任务就是提高资源的利用效率。新的技术和工具，尤其是数字化和自动化技术的出现，正在使这一目标变得越来越具实现性。例如，智能电网可以优化电力的分配和使用，减少能源浪费；还可以有效地监测和管理水资源的使用，减少水资源的浪费。

在建筑领域，新的设计和施工技术，如绿色建筑和节能建筑，可以有效地减少建筑的能源消耗和环境影响。例如，被动房设计可以充分利用太阳能和地热能，减少对传统能源的依赖。此外，新的建筑材料，如高效隔热材料和光伏材料，也可以提高建筑的能源效率。

在交通领域，新的交通管理系统和交通工具，如智能交通系统和电动汽车，可以提高交通的效率，减少能源消耗和环境污染。例如，智能交通系统可以通过实时监测和分析交通状况，优化交通流量，减少交通堵塞和能源浪费。

在工业生产中，新的生产技术和工艺，如工业4.0和循环经济，也可以提高资源的利用效率，减少废物的产生。例如，通过物联网技术和大数据分析，可以实现生产过程的实时监测和优化，减少能源和原料的浪费。通过废物的回收和再利用，可以将废物转化为资源，实现资源的循环利用。

当然，新技术在提高资源利用效率方面的应用，也面临着一些挑战。新技术的研发和应用需要大量的投资，这需要政府和企业的支持；新技术的应用可能需要改变现有的生产和生活方式，这可能会遇到一些社会和文化的阻力；新技术的应用也可能带来新的环境和社会问题，如电动汽车的大规模应用可能会导致电力需求的增加，这需要管理者进行全面的评估和管理。

（三）新技术在城市环境恢复中的应用

城市环境恢复是城市生态管理的重要任务之一，新技术的应用无疑为这一任务提供了更多可能性。下面，笔者以生态修复技术和纳米技术为例做简要介绍。

1. 生态修复技术

城市环境恢复的目标是在受损或破坏的环境中恢复生态系统的功能和服务，从而提高城市的生态质量和居民的生活质量。在这个过程中，生态修复技术发挥了重要的作用。生态修复技术包括一系列的方法和手段，如物理修复、化学修复、生物修复等，其中最重要的是植被修复和土壤修复。植被修复主要是通过种植本土植被，恢复土地的生态功能，提供生物栖息地，减少土壤侵蚀，吸收二氧化碳，提供阴凉和美化环境等服务。例如，城市绿地和公园就是通过植被修复提供了休闲、观赏、教育等多种服务，大大提高了城市的生活质量。土壤修复则主要是通过物理、化学和生物手段，去除或降解土壤中的有害物质，恢复土壤的生态功能，提供营养物质，维持水分平衡，提供生物栖息地等服务。例如，城市农业和园艺就是通过土壤修复提供了食物、观赏、教育等多种服务，同时也为城市提供了一种绿色、可持续的生活方式。

2. 纳米技术

纳米技术是一种基于纳米尺度的科学技术，它可以用来研发和制造各种新型材料和设备，这些新型材料和设备具有独特的物理、化学和生物性质，为人类提供了一种新的方法和手段来解决环境问题。在城市环境恢复中，纳米技术可用于水处理、空气净化、污染物监测、建筑材料改进等多个方面。

（1）水处理。纳米技术可以用于改善城市供水系统和废水处理系统。

通过利用纳米材料的特殊性质，如高比表面积和高反应活性，可以有效去除水中的污染物。例如，纳米颗粒可以用作吸附剂，去除水中的重金属、有机物和微生物污染物。纳米膜技术可以用于反渗透和超滤等水处理过程，有效去除溶解性盐类和微小悬浮物。

（2）空气净化。城市环境中存在大量的空气污染物，如颗粒物、有害气体和挥发性有机化合物等。纳米技术可以用于设计和制造高效的空气过滤器和催化剂，以净化室内和室外空气。例如，纳米纤维材料可以制成高效的颗粒物过滤器，捕捉细小的颗粒物并减少空气中的颗粒物浓度。纳米催化剂可以促进空气中有害气体的分解和转化，使其变得无害或减少其毒性。

（3）污染物监测。纳米技术还可以用于开发高灵敏度和高选择性的传感器，用于监测城市环境中的污染物。纳米传感器可以通过与目标污染物相互作用来产生特定的信号响应，从而实现对污染物的检测和测量。这些传感器可以应用于空气、水和土壤中污染物的实时监测，帮助城市管理者及时采取措施来降低污染物的风险。

（4）建筑材料改进。纳米技术可以改进建筑材料的性能，从而提高城市环境的可持续性。例如，添加纳米颗粒到混凝土中可以增加混凝土的强度和耐久性，减少对天然资源的需求和减少建筑废物的产生。纳米涂层可以应用于建筑表面，具有自洁、防污和抗菌等功能，有助于维持城市建筑物的外观和卫生。

第七章　城市生态规划与管理的未来发展

第一节　未来城市生态规划与管理的挑战与机遇

一、未来城市生态规划与管理的挑战

随着全球范围内的社会经济发展和人口增长，城市生态规划与管理将面临前所未有的挑战。这些挑战可能涉及环境、资源、技术等多方面，需要跨部门协同与治理。为了应对这些挑战，城市生态规划与管理需要不断创新、加强研究和技术应用、优化政策和管理体系，从而为可持续发展提供有力保障。具体而言，城市生态规划与管理在未来可能遇到的挑战可能包括以下几个方面。

（一）气候变化的不确定性

气候变化的不确定性对未来城市生态规划与管理带来了巨大的挑战。全球气候变化的加速使得极端天气事件发生的频率和强度增加，如暴雨、干旱、热浪、飓风等。这些极端天气事件对城市基础设施和生态系统造成了巨大破坏，使城市居民的生活质量和安全受到严重威胁。

　　首先，气候变化导致的极端天气事件对城市基础设施的破坏，会使城市生态规划与管理变得更加复杂。城市基础设施，如道路、桥梁、排水系统等，需要更高的抗风险能力来应对气候变化带来的挑战。管理者需要重新评估基础设施的设计和建设标准，以降低气候变化对城市基础设施的潜在影响。

　　其次，气候变化导致的海平面上升对沿海城市生态规划与管理带来了严重威胁。由于全球气候变暖，导致极地冰川融化，海平面上升速度加快，使得沿海城市面临更大的洪水和侵蚀风险。为了应对这一挑战，管理者需要制定相应的防洪和防侵蚀措施，如建设海堤、提高沿海建筑物的基准高度等。

　　最后，气候变化对城市生态系统和生物多样性也产生了负面影响。气候变化导致的生态系统失衡可能加剧城市生态环境恶化，使得城市绿地、水域等生态系统的功能受到损害。管理者需采取措施保护和恢复城市生态系统，如建立生态走廊、保护生物多样性等。

　　总之，在应对气候变化的不确定性方面，城市生态规划与管理需要加强气候适应性的研究和实践，利用科学的方法和技术预测和评估气候变化对城市的影响，制定相应的适应策略和措施。

（二）持续的城市化进程的影响

　　随着城市化进程的加速，城市人口可能会持续保持增长，这对城市生态环境和资源的压力将进一步加大。持续的城市化进程不仅加剧了城市的空间拥挤程度，还导致了土地资源、能源、水资源等的过度消耗。下面，笔者便针对持续的城市化进程给城市未来的生态规划与管理带来的影响进行详细论述。

1. 土地资源紧张

　　随着城市人口的持续增长，人类对土地资源的需求不断攀升。城市化进程中，大量农田、林地、湿地等自然资源被用于城市建设，导致生态系统功能逐渐减弱，生物多样性下降。城市扩张也使得城乡人口分布不均，导致城市中心地区拥挤，城乡发展不平衡。

2. 能源消耗增加

随着城市化进程的加速，能源消耗不断增加，主要表现在工业生产、商业住宅、交通运输等领域。过度的能源消耗导致能源供应紧张，加剧了全球气候变化问题，也加剧了城市空气污染问题。

3. 水资源供应压力加大

城市化进程中，城市对水资源的需求不断增长，水资源供应压力逐渐加大。城市用水量的增加可能导致地下水过度开采、河流水质恶化、城市水生态环境退化等问题。

4. 城市基础设施过度使用

随着城市人口的增长，城市基础设施如道路、公共交通、污水处理等方面面临过度使用问题。基础设施的过度使用和老化可能导致设施运行效率降低，服务质量下降，同时也对城市生态环境造成负面影响。

5. 环境污染问题严重

城市化进程中，工业生产、交通运输、生活垃圾等污染源不断增加，导致空气污染、水污染、土壤污染等环境问题日益严重。环境污染问题将直接影响城市居民的生活质量和健康，给城市生态系统带来巨大压力。

针对持续的城市化进程可能带来的挑战，城市生态规划与管理需要采取一系列措施来应对，具体包括以下几点。

（1）优化城市空间布局。通过合理规划城市发展，优化城市空间布局，提高土地利用效率，保护自然资源，减缓生态系统功能衰退速度。

（2）发展绿色能源。推广绿色能源技术，如太阳能、风能、地热能等，降低对传统化石能源的依赖，减缓气候变化和减轻城市空气污染。

（3）提高水资源利用效率。通过水资源综合管理，提高水资源利用效率，采用节水技术和节水设施，降低城市用水量。加强污水处理设施

222

建设和运营，改善水环境质量，保障城市水生态系统健康。

（4）完善城市基础设施建设。合理规划和建设城市基础设施，提高城市道路、公共交通、污水处理等设施的运行效率和服务质量。同时，鼓励绿色建筑和低碳交通的发展，减轻环境负担。

（5）加强环境污染防治。制定严格的环保法规和标准，强化对污染源的监管，减少环境污染物排放。推广环保技术和清洁生产，降低工业生产、交通运输等领域的污染排放。加强生活垃圾处理和资源回收利用，减少固体废弃物对环境的影响。

（6）提高公众环保意识。通过环保宣传和教育，提高公众环保意识，引导公众参与环保行动，养成绿色生活习惯，为城市生态规划与管理提供有力支持。

（三）新兴污染物的挑战

随着科技进步和产业结构调整，未来城市可能面临新兴污染物的挑战，这些新兴污染物可能对人类健康和生态系统产生未知的风险，给城市生态规划与管理带来新的挑战。具体而言，新型污染物方面的挑战主要表现在以下几个方面。

1. 新型化学物质污染

随着化学科学的发展，越来越多的新型化学物质被研发出来并投入使用，如新型高分子材料、功能性材料等。这些新型化学物质在生产、使用和废弃阶段可能对环境和生态系统产生未知风险。例如，某些新型高分子材料可能难以降解，导致环境持久性污染。

2. 电子废弃物污染

随着科技进步和电子产品更新换代速度加快，电子废弃物成为一大污染源。电子废弃物中含有多种有毒有害物质，如重金属、有机污染物等，不当处理和处置电子废弃物可能对环境和生态系统产生严重影响，如土壤污染、水体污染、食物链污染等。

3. 新型能源污染

新能源发展为环境保护和可持续发展带来机遇的同时，也带来了一些新型污染问题。例如，光伏发电设备中的硅片、电池等材料在生产、使用和废弃阶段处置不当可能产生有毒有害物质，对环境和生态系统造成潜在威胁。

由此可见，科技进步造福人类的同时，也可能会导致一些新的问题，面对这些问题，需要采取相应的措施，最大限度地降低科技发展所带来的负面影响。面对新兴污染物可能带来的挑战，管理者可以采取以下措施。

（1）管理者需要关注新兴污染物的检测和监测。由于尚不完全清楚新兴污染物的特性和影响，管理者需要加强对新兴污染物的研究，建立相应的检测和监测体系。通过对新兴污染物的长期监测，可以及时发现潜在风险，为制定有效的防治措施提供依据。

（2）管理者需要加强对新兴污染物的风险评估和管理。这包括对新兴污染物的毒性、生态效应、持久性、累积性等方面的研究，以评估其对人类健康和生态系统的潜在影响。基于风险评估结果，管理者可以制定相应的防治策略，如限制某些高风险新兴污染物的生产和使用、加强污染物排放控制等。

（3）管理者还需要加强与相关产业的沟通与合作，共同应对新兴污染物的挑战。例如，通过推动产业技术创新，发展绿色生产方式，减少新兴污染物的产生；通过加强产业监管，确保新兴污染物在生产、使用和处理过程中的安全性。

（四）人工智能与大数据应用的挑战

人工智能与大数据技术可以帮助管理者更加精确地预测和评估环境变化，优化资源配置，提高决策效率。在未来，城市生态规划与管理将更加依赖人工智能和大数据技术，而如何有效利用这些技术将成为一大挑战。具体而言，人工智能与大数据应用的挑战主要表现在以下几个方面。

1. 数据质量和完整性

完整、高质量的数据是应用人工智能和进行大数据分析的基础。然而，现实中的环境数据往往存在缺失、不准确、不一致等问题，这将直接影响到数据分析的准确性和可靠性。如何获取和整合完整、高质量的数据，以便为管理者提供准确的信息，是一个重要挑战。

2. 数据隐私和安全

随着大量环境数据和个人信息的收集，如何确保数据隐私和安全成为一大挑战。恶意攻击者可能利用数据泄露或滥用数据进行破坏性行为，给城市生态规划与管理带来风险。因此，建立健全的数据保护机制和政策至关重要。

3. 算法透明性和公平性

人工智能在处理大量数据时可能存在算法偏差，算法偏差可能会引起算法歧视，这将影响城市生态规划与管理的公平性。如何确保算法的透明性和公平性，避免人为因素对决策结果的影响，是一个亟待解决的问题。

4. 技术更新和人才培养

人工智能与大数据技术日新月异，如何保持技术的更新与升级，以便更好地适应城市生态规划与管理的需求，是一个重要挑战。此外，培养具备人工智能与大数据技能的专业人才，以满足城市生态规划与管理的实际需求，同样需要关注。

为应对这些挑战，管理者可以采取以下措施。

（1）建立健全数据收集和整合体系。优化现有的数据收集途径，如部署更多传感器，提高数据采集频率。制定数据质量标准和检验流程，对收集到的数据进行质量把控，确保数据的可靠性和准确性。推动不同

225

部门和机构之间的数据共享和交流，整合各类数据资源，形成统一、完整的数据平台。

（2）制定严格的数据隐私和安全政策。例如，完善数据保护法规，明确数据收集、处理、存储和使用的规范。加强数据加密技术的研究和应用，防止数据泄露。建立数据安全应急机制，及时应对可能的安全事件。

（3）确保算法透明性和公平性。例如，采用可解释的人工智能算法，提高算法的透明度，让决策过程更加清晰。引入多元化的数据来源，消除数据偏见，确保算法在处理数据时不受人为因素的影响。对算法进行定期审查，以便及时发现并纠正潜在的偏见和歧视。

（4）关注技术更新和人才培养。管理者要关注人工智能与大数据技术的最新发展，及时引入先进技术，优化城市生态规划与管理。建立与高校、研究机构的合作机制，促进技术创新和成果转化。加强人才培养，开展专业培训和技能提升，培养具备人工智能与大数据技能的专业人才。

（5）建立持续评估与调整机制。管理者要定期对城市生态规划与管理的人工智能与大数据应用进行评估，以了解其实际效果和存在的问题。根据评估结果，及时调整算法、技术和策略，以更好地适应城市生态规划与管理的需求。同时，鼓励民间参与，充分听取公众意见，确保城市生态规划与管理的公平性和可持续性。

二、未来城市生态规划与管理的机遇

随着科技进步、环境意识的提高和城市发展模式的转变，未来城市生态规划与管理将面临许多新的机遇。这些机遇不仅有助于更有效地解决当前城市生态环境所面临的挑战，还为城市可持续发展提供了新的契机。接下来笔者将重点探讨未来城市生态规划与管理面临的机遇，以期为未来城市发展提供更多的思路和方向。

（一）绿色低碳发展理念的普及

随着绿色低碳发展理念的普及，未来城市生态规划与管理将得到更广泛的认同与支持。这一理念倡导减少资源消耗、降低碳排放，提倡可持续发展。在此背景下，城市生态规划与管理将受益于各方面的支持和帮助，为实现生态环境的改善和可持续发展创造良好的条件。具体而言，绿色低碳发展理念的普及为城市生态规划与管理带来了以下机遇。

1.产业结构调整和优化

绿色低碳发展理念的普及将促使城市逐步调整产业结构，优化能源消费结构和资源利用效率。在此背景下，高污染、高能耗的产业将逐渐被淘汰，取而代之的是更加注重环保、节能的产业。产业结构地调整和优化有助于提高城市生态规划与管理的效果，实现可持续发展目标。

2.绿色基础设施建设

随着绿色低碳发展理念的普及，未来城市生态规划与管理将更加关注绿色交通、绿色能源等绿色基础设施建设，以期降低城市的碳排放水平，提升城市的可持续发展能力。

3.循环经济的发展

绿色低碳发展理念强调资源的循环利用，减少资源浪费。在这一理念的指导下，管理者将积极推动循环经济的发展，通过循环利用、再生资源利用等措施，实现资源的高效利用和城市可持续发展。

4.生态补偿机制的完善

绿色低碳发展理念的普及将有助于推动生态补偿机制的完善。普及绿色低碳发展理念将为城市生态规划与管理提供更为完善的政策支持，有利于保护生态环境，实现可持续发展。

5.绿色金融的发展

随着绿色低碳发展理念的普及，绿色金融将得到更多关注，为城市生态规划与管理提供资金支持。绿色金融将推动投资方向转向绿色产业，为城市生态规划与管理创造更多发展机遇。

（二）科技创新的推动

科技创新将为未来城市生态规划与管理提供更先进的技术手段，如物联网、人工智能、大数据分析等。这些技术的发展将使城市生态规划与管理变得更加高效、精确和智能化，从而更好地应对环境挑战，实现可持续发展目标。

1. 数据收集与监测

物联网、遥感技术和智能传感器等技术的应用，使得城市生态环境数据的实时收集和监测成为可能。有助于管理者更准确地了解城市生态环境现状，为城市生态规划与管理提供有力的数据支持。

2. 数据分析与预测

大数据分析和人工智能技术可以帮助分析海量的环境数据，挖掘其中的规律和趋势。通过对历史数据的分析和模型构建，可以帮助管理者预测未来的环境变化，为城市生态规划与管理提供科学依据。

3. 智能决策支持

人工智能技术在未来城市生态规划与管理中可以发挥智能决策支持的作用。通过对各种环境因素和政策干预措施的模拟和评估，人工智能技术可以为决策者提供更多可行的方案，提高决策效率和准确性。

4. 自动化与智能化管理

科技创新带来的自动化和智能化技术可以提高城市生态管理的效率。例如，智能环境监测系统可以自动检测污染物排放，实现对污染源的自动监控和控制；智能绿化系统可以实现对城市绿地的精细化管理，提高绿化效果。

（三）生物技术的发展

生物技术的进步将为城市生态规划与管理带来新的机遇，如利用生物技术治理污水、改善空气质量等。具体而言，这些机遇主要表现在以下几个方面。

1. 污水治理与资源化利用

生物技术在污水治理方面具有很大的潜力。利用微生物降解污染物、生物膜等生物技术，可以有效去除污水中的有机物、氮磷等污染物。生物技术还可以实现污水的资源化利用，将污水中的有机物质转化为可利用的资源，如通过厌氧消化产生沼气。这种处理方式不仅减少了污水对环境的影响，还为城市提供了可持续的能源。

2. 空气质量改善

生物技术在改善空气质量方面也具有重要作用。例如，利用特定的微生物菌株可以降解空气中的有机挥发物，减少空气污染。此外，通过绿化工程种植空气净化植物，可以吸收空气中的有害物质，释放氧气，改善空气质量。这种方法具有很好的环保效果，同时也能提升城市景观和居民生活质量。

3. 土壤修复与生态恢复

生物技术在土壤修复和生态恢复方面也有广泛应用。利用微生物、植物、昆虫等生物资源对受污染土壤进行生物修复，可以恢复土壤的生态功能，减轻土壤污染对环境和人类健康的影响。利用人工湿地、生态廊道等生态工程技术，可以改善城市生态环境，提高生物多样性。

4. 生物监测与环境评估

生物技术可以为环境监测与评估提供新的手段。通过对生物样本的检测和分析，可以了解环境中污染物的浓度和分布，为环境风险评估提供重要依据。利用基因检测、生物标志物等技术，可以更精确地评估污染对生态系统和人类健康的影响，为环境管理提供科学支持。

5. 生物质能源与循环经济

生物技术在生物质能源和循环经济方面具有巨大潜力。例如，利用生物技术将废弃物转化为可再生能源，如生物质燃料、沼气等，可以减少化石能源的消耗，降低温室气体排放。同时，生物技术也可以促进循环经济的发展。例如，通过生物降解技术处理废弃物，实现资源的高效利用和循环。

（四）社会公众参与意识的提高

未来城市生态规划与管理将更加注重社会参与，社会公众参与意识的逐步提高，将为生态城市建设提供有力支持。具体而言，社会公众的参与意识的提高将为城市生态规划与管理带来以下益处。

1. 丰富的民间建议与创意涌现

随着公众参与城市生态规划与管理的意识提高，民间将涌现出更多关于生态城市建设的建议与创意。这些建议和创意将为城市生态规划与管理注入新的活力，促进规划与管理水平的提升。民间智慧的汇聚将使得城市生态规划与管理更具多元化和全面性，从而能有效应对复杂的生态问题。民间创意的引入还将有助于实现生态规划与管理的创新和优化，为城市生态建设提供持续的动力。通过倾听民间声音，汲取民间智慧，城市生态规划与管理将变得更加符合实际需求，更具前瞻性和适应性。

2. 强化城市生态规划与管理的监督与执行力

公众的参与将使得城市生态规划与管理得到更有效的监督与执行。民众的关注和监督将使政府更加注重规划的制定与实施，强化相关政策的执行力度。在民众的参与和监督下，政府部门将更加重视城市生态规划与管理的效果和质量，努力提高政策的执行力和公信力。民众监督还有助于揭示潜在的腐败和滥用职权现象，促进政府部门加强自律，提高城市生态规划与管理的规范性。

3. 提高城市生态规划与管理的透明度

在公众参与意识提高的背景下，城市生态规划与管理的透明度将得到提高。信息公开、公众评议等手段将使得政府决策更加合理、公正，满足民众的需求。透明度的提高将有助于建立起一个公开、公平和公正的城市生态规划与管理体系，增强民众对政府和相关部门的信任。公众参与将有助于反映多种利益诉求，提高城市生态规划与管理的公正性和合法性，使政策制定和执行更具民主性和科学性。

4.培养全民参与的生态文明建设氛围

公众参与城市生态规划与管理意识的提高将有助于培养全民参与的生态文明建设氛围。这种氛围将推动社会各界更加重视城市生态环境保护，形成共建共享的生态文明格局。在全民参与的生态文明建设氛围下，民众将更加关注日常生活中的环保行为，积极参与生态环境保护活动，为城市生态环境的改善贡献力量。全民参与的生态文明建设氛围还将有助于政府、企业和社会组织共同承担生态环境保护责任，形成多方共治的生态环境保护格局。随着全民参与意识的提高，城市生态规划与管理将得到更多的社会支持，为城市生态建设创造更为有利的条件。

5.促进城市生态规划与管理的创新

随着社会公众参与意识的提高，城市生态规划与管理将面临更多来自民间的创新观念与实践。这将有助于推动城市生态规划与管理的创新发展，使其更具针对性和实效性。公众参与将促进多学科、多领域的交叉融合，为城市生态规划与管理提供丰富的创新资源。民间创新的引入将有助于突破传统城市生态规划与管理的局限，实现城市生态建设的可持续发展和高质量发展。

第二节　智能城市与生态规划管理

一、智能城市

（一）智能城市的概念

智能城市，是在数字化、网络化和智能化技术的推动下，对城市的各项基础设施、公共服务、管理系统等进行实时监测、数据分析与集成，以优化资源配置、提高环境友好度、提升城市管理水平和居民生活质量的城市发展模式。智能城市不仅仅是一种技术概念，更是一种创新的城市发展理念和模式。

智能城市是城市发展的一个重要趋势。随着信息化技术的迅速发展，大数据、云计算、物联网、人工智能等新一代信息技术在城市中的应用越来越广泛，为城市的智能化发展提供了可能。智能城市强调的是信息技术与城市发展的深度融合，通过科技手段实现城市运营的高效、环保、公平和便捷，以此提升城市的核心竞争力和居民的生活质量。

智能城市的发展并不是简单地增加技术应用，而是要以人为本，关注居民需求，提高城市服务的质量和效率，同时考虑到环保和可持续发展的要求，实现科技、环境、社会等多方面的协调发展。这就要求管理者在智能城市的规划和管理中，坚持以人为本的原则，注重公众参与，充分利用科技手段，实现城市的可持续发展。

（二）智能城市的特征

1.数据驱动

智能城市强调数据的收集、分析和应用，以数据为基础制定科学决策。这是因为在大数据时代，数据被视为新的生产要素，拥有数据就意味着拥有了决策的依据。智能城市通过各种传感器设备，对城市中的各种信息进行实时收集和监测，然后通过大数据分析技术，对收集到的数据进行深度挖掘和分析，最后根据分析结果，提供个性化的服务，制定科学合理的决策。

2. 信息互联

智能城市通过物联网和云计算技术实现各类信息资源的互联互通。在智能城市中，各种信息资源需要实现有效的整合和共享，才能实现城市的智能化运营。例如，通过物联网技术，可以实现交通信息、环境信息、公共服务信息等的实时收集和传输；通过云计算技术，可以实现数据的高效处理和存储，以及各种应用服务的快速部署。

3. 智能决策

智能城市通过利用人工智能技术提高城市规划、管理和服务的智能化水平。城市管理中充满了复杂的问题和决策，人工智能技术的应用可以帮助管理者提高决策的效率和质量。例如，通过机器学习算法，可以预测交通流量，以优化交通信号控制；通过自然语言处理技术，可以自动处理公众的投诉和建议，以提高公共服务的响应速度。除此之外，人工智能技术还可以辅助城市规划，例如，通过数据分析预测未来的城市发展趋势，以指导城市规划的制定。

4. 公共参与

智能城市以提高城市居民生活质量，满足城市居民需求，提高公众对城市发展和满意度为目标。而这离不开公众的参与，因此，公众参与是智能城市的重要特征。在智能城市中，公众可以通过各种数字化平台，如社交媒体、移动应用等，参与城市生态的规划和管理，例如，提出建议和意见，参与决策，甚至参与城市服务的提供等。这样既达成了智能城市的目标，也促进了智能城市的发展。

二、智能城市的生态规划与管理

随着科技的发展和城市化进程的加速，智能城市将成为城市发展的一个趋势。基于这一认识，笔者从以下五个方面针对智能城市的生态规划与管理进行了初步的思考。

（一）基础设施与技术整合

智能城市的生态规划与管理中，基础设施与技术的整合是非常关键的一环。随着科技的进步，许多传统的城市基础设施正在通过整合各种智能技术进行改造和升级，以提高其效率、便利性和可持续性。而在未来的智能城市中，这种整合性将会得到进一步的提升。就当前城市发展而言，基础设施与技术的整合主要体现在以下方面，而随着科学技术的发展，可以整合的领域可能会进一步拓展。

1. 交通基础设施

通过整合物联网、大数据、人工智能等技术，可以实现交通系统智能化，如智能交通信号控制、实时交通监控和预测、自动驾驶汽车等。智能交通系统可以帮助管理者更有效地管理交通流量，减少拥堵和事故，提高交通的效率和安全性。

2. 能源基础设施

通过整合智能电网、可再生能源、储能技术等，可以实现更可持续、高效、可靠的能源供应。例如，通过智能电表和智能家居设备，可以实现实时能源监控和需求响应，从而减少能源浪费，降低碳排放。

3. 水务基础设施

通过整合远程传感器、自动化控制系统、数据分析等技术，可以实现智能水务管理，如实时水质监测、精细化水资源管理、智能灌溉系统等。这些技术可以帮助管理者更有效地管理水资源，保护水环境，提高水的利用效率。

4.建筑基础设施

通过整合智能建筑技术，如楼宇自动化、能源管理系统、智能照明等，人们可以实现绿色建筑和智能家居。这些技术可以帮助管理者减少建筑的能源消耗，提高居民的舒适度和生活质量。

5.通信基础设施

通过整合5G、光纤、卫星等高速通信技术，管理者可以实现城市服务的全面信息化和数字化，如智能城市云平台、智能政务服务、远程教育和医疗等。这些技术可以为市民提供更便捷、高质量的公共服务，增强城市的竞争力。

需要注意的是，技术的引入和整合必须以满足公民需求和提高生活质量为目标；技术的应用必须经过深思熟虑，以确保其符合社区的独特需求和优先级，并遵守相关的隐私和安全规定。

（二）数据驱动的决策制定

在智能城市的生态规划与管理中，数据驱动的决策制定起着至关重要的作用。数据不仅是反映城市现状的镜子，也是预测城市未来的晴雨表。因此，如何收集、处理、分析和利用数据，成为智能城市生态规划与管理的关键环节。

首先，管理者需要建立一个有效的数据收集系统。在智能城市中，数据的来源非常广泛，包括城市基础设施的运行数据、公共服务的使用数据、公民的行为数据等。这些数据可以通过各种方式收集，如传感器、设备、应用程序等。在收集数据时，管理者需要考虑数据的全面性和准确性，以确保数据的质量。

其次，管理者需要建立一个强大的数据处理系统。在智能城市中，收集到的数据通常是大量的、复杂的、实时的，因此，建立强大的数据处理系统十分必要。在处理数据时，管理者需要考虑数据的整合、清洗、存储等问题，以确保数据的完整性和可用性。

再次，管理者需要建立一个高效的数据分析系统。在智能城市中，数据的价值在于其能够提供有用的信息和知识，而这需要通过数据分析来实现。在分析数据时，管理者需要使用各种数据分析方法，如统计分析、预测模型、机器学习等，以保证提取信息的有效性。

最后，管理者需要建立一个科学的决策制定系统。在智能城市中，数据分析的结果应该被用于支持决策制定。在制定决策时，管理者需要考虑数据的可信度、相关性、时效性等问题，以确保决策的有效性。

在整个过程中，管理者需要注意数据的安全性和隐私性。管理者需要制定和执行严格的数据安全政策，以防止数据的丢失、泄露、滥用等。同时，管理者也需要尊重公民的隐私权，合理地收集和使用数据。

（三）可持续发展

在智能城市的生态规划与管理中，可持续发展是一个核心的考虑因素。由于城市的快速扩张，一些为了经济效益未经过谨慎管理和规划就开展的城市活动可能会对环境产生巨大的压力，导致资源的过度消耗和环境的严重污染。因此，管理者必须以可持续性为原则，利用科技的力量，实现城市的绿色发展。

环境监测是实现可持续发展的重要手段。智能城市可以利用各种传感器和设备，如空气质量监测器、噪声检测器、能源消耗计量器等，实时收集城市的环境数据。这些数据可以帮助管理者了解环境的实时状况，发现环境问题，以便及时进行处理和改善。

数据分析是实现可持续发展的关键工具。通过对环境数据的分析，管理者可以了解环境问题的成因和规律，预测环境的变化趋势，以便制定有效的环境管理策略。例如，通过对空气质量数据的分析，管理者可以了解空气污染的来源和影响因素，以便制定有效的空气质量改善策略。

绿色能源的推广是实现可持续发展的有效途径。智能城市应当鼓励和支持使用绿色能源，如太阳能、风能、地热能等，以减少碳排放，减轻环境压力。

总之，可持续发展不仅是一个环保的问题，也是一个经济的问题，甚至是一个社会的问题。只有实现可持续发展，才能确保城市的长期繁荣和稳定，实现人与自然的和谐共生。因此，可持续发展应当是智能城市生态规划与管理的核心原则和目标。

（四）公民参与

公民参与在智能城市生态规划与管理中占有重要地位。公民在政策制定、规划决策以及日常城市运营管理中的主动参与，能够有效提高城市的响应性、适应性和包容性，从而实现更高质量的城市生活。

公民参与有助于更精准地了解和满足城市居民的实际需求。每个城市都有其独特的社区和居民，他们的需求和期望也各不相同。通过广泛收集和倾听公民的意见，城市规划者和管理者可以更深入地了解社区的需求，更准确地把握城市发展的脉搏。

公民参与也有助于提高城市决策的透明度和公正性。公民参与决策过程不仅可以影响决策的结果，也可以清楚决策的制定过程，从而增强他们对决策的信任和接受度。公民参与也可以帮助城市管理者更全面地考虑问题，更公正地平衡不同利益关系。

当然，即便在智能城市中，公民参与也存在一些挑战。例如，如何平衡不同公民的需求和利益；如何激发和保持公民的参与热情等为了有效地促进公民参与，管理者可以从以下几个方面努力。

首先，管理者可以利用科技的力量，如社交媒体、移动应用等，让公民参与变得更加方便和高效。其次，管理者可以通过教育和宣传，提高公民的参与意识和能力。例如，管理者可以让公民了解城市规划和管理的重要性，了解他们的权利和责任，让他们有能力和信心参与到城市规划和管理中。最后，管理者可以通过建立各种机制和制度，保障公民的参与权利，保护公民的利益，让公民的声音能够被真正听到和广泛传播。

管理者也需要重视公民参与的质量问题。公民参与不仅仅是数量的问题，更是质量的问题。管理者需要关注公民参与的深度和广度，关注公民的参与效果和满意度。例如，管理者可以通过定期的评估和反馈，了解公民参与的情况，及时调整和改进公民参与策略。在具体实践中，管理者可以尝试各种公民参与的方式和形式。例如，管理者可以举办各种公众论坛和讲座，让公民有机会直接对城市规划和管理提出他们的观点和建议；也可以通过各种在线平台和移动应用，收集公民的反馈和意见，让公民可以更方便地参与智能城市的生态规划和管理。

（五）隐私和安全

在智能城市的生态规划与管理中，隐私和安全问题需要特别关注。随着科技的进步，城市运行和城市决策越来越依赖于各种数据的支持。然而，这些数据在收集、存储、使用和共享过程中，可能会对公民的隐私和安全产生影响。

隐私是每个公民的基本权利，而在智能城市中，这种权利可能会受到威胁。例如，为了实现交通优化、环境监测、公共安全等目标，管理者需要收集大量的个人数据，如位置数据、行为数据、健康数据等。如果没有适当的保护措施，这些数据可能会被滥用或泄露，从而侵犯公民的隐私。

安全也是智能城市需要面临的重大挑战。随着城市数字化建设的不断发展，城市的基础设施、服务和系统越来越依赖于网络和信息技术。然而，这也使城市面临更大的安全风险，例如黑客攻击、数据泄露、系统故障等。这些安全事件不仅会导致数据丢失、服务中断，还可能对公民的生活安全和城市的稳定性产生严重影响。

为了解决这些隐私和安全问题，管理者需要从多个方面努力。

其一，管理者需要建立健全的数据保护政策和机制，以保护公民的隐私权。例如，管理者可以制定严格的数据收集、使用和共享规则，确保只有在公民同意的情况下才收集和使用他们的个人数据。同时，管理者也需要提高公民的隐私保护意识和能力，让他们了解他们的隐私权，知道如何保护他们的个人数据。

其二，管理者需要加强城市的网络和信息安全。例如，使用安全技术和标准来保护城市的系统和设备；定期进行安全审查和测试；及时发现和修复安全漏洞；以及建立有效的安全应急机制，以便在发生安全事件时能够快速响应和处理。

其三，管理者需要建立全面的数据安全管理体系，包括数据的加密存储、安全传输、权限控制、安全备份等。对于敏感的个人数据，管理者需要采取更高级别的安全保护措施，如使用匿名化、去标识化等技术，以最大限度地保护公民的隐私。

在实践中，管理者还可以尝试各种新的隐私保护和安全技术。例如，区块链技术可以提供一种去中心化、透明化、不可篡改的数据管理和交易机制，有助于保护公民的隐私和增强数据的安全性。同样，人工智能和机器学习技术也可以用于检测和防止安全威胁，提高城市的安全防护能力。

第三节　生态环境、社会和经济协调高质量发展

一、生态环境、社会和经济之间的关系

生态环境、社会和经济是复杂的、动态的、相互关联的系统，这些系统在各种尺度上交互作用，形成了现在的世界。在城市发展的背景下，这三个系统的交互关系更加显著，尤其是在城市规划和管理的领域。

生态环境是社会经济发展的基础。生态环境为人类提供了必要的自

然资源，如水、土壤、气候和生物多样性等。这些自然资源是人类生活和生产的基本前提，也是城市发展和经济活动的物质基础。例如，水资源不仅是人类生活的必需品，也是农业、工业和能源产业的关键要素；土壤为农业生产提供了基础，同时也是许多生态系统功能（如碳储存、水分调节等）的重要载体；生物多样性不仅增加了生态系统的稳定性和韧性，也提供了食物、药品和其他有价值的产品。

生态环境也为人类提供了一系列生态服务，但实际上，例如，气候调节、水净化、污染吸收、防洪、侵蚀控制、土壤形成、营养循环、生物控制、废物处理等。这些服务对社会经济发展至关重要。如果没有这些服务，人类社会将付出巨大的代价来提供这些服务，或者承受生态系统功能丧失的后果。

社会经济活动是生态环境变化的主要驱动力。随着工业化和城市化的推进，人类对自然资源的消耗和对环境的影响越来越大。大规模的土地转化（如森林砍伐、湿地填埋等）导致生态系统破坏，生物多样性丧失。过度的能源和资源消耗导致资源枯竭，环境污染严重。例如，化石燃料的过度消耗产生大量温室气体，导致全球气候变暖，对许多生态系统和社会经济活动产生影响。不合理的土地利用和城市规划导致城市热岛效应的加剧，影响城市气候、居民健康和生活质量。

当然，生态环境的变化反过来也会影响社会经济发展。生态环境恶化（如土地退化、水源污染、生物多样性丧失等）会导致自然资本的减少，进而影响经济生产和人类福祉。例如，水源污染和土地退化会威胁农业生产，增加粮食安全风险；空气和水质污染则可能增加医疗支出，降低生产力。此外，严重的环境问题可能引发社会冲突和不稳定，如贫富差距扩大、民众抗议等，进一步阻碍社会经济发展。

由此可见，生态环境、社会和经济之间的关系是一个复杂的反馈循环。在这个循环中，生态环境和社会经济发展相互影响，相互制约。对这种关系的认识有助于城市规划与管理。因此，在规划和管理城市发展时，管理者要充分考虑生态环境、社会和经济的多元需求和目标，促进这三者的协调发展。管理者应将生态原则融入经济决策和社会政策中，将经济和社会目标纳入生态环境保护和修复中，构建一个绿色、包容、可持续的城市发展模式。

管理者还需要制定和实施一系列政策和措施，如推动绿色经济和循环经济，实施严格的环境法规，提高公众环保意识和参与意识，优化城市空间布局和功能配置，提升城市生态系统的健康性和韧性，等等。

二、生态环境、社会和经济协调高质量发展的重要性

生态环境、社会和经济协调高质量发展不仅有助于实现可持续发展的目标，而且对于城市的长远发展至关重要。具体而言，其重要性主要体现在以下几个方面。

（一）促进城市的可持续建设

生态环境、社会和经济之间的高质量协调发展，是推动城市可持续建设的驱动力。城市的可持续建设不仅仅指其物质基础设施，如道路、桥梁和建筑物的可持续，而是指一种更广义的、更全面的概念，涵盖了环境、社会和经济的各个方面。

在生态环境层面，生态环境的保护和改善是城市可持续建设的基础。环境质量的提高意味着可以减少城市污染和对自然资源的过度消耗。例如，通过采用环保技术和绿色能源，可以减少城市碳排放，从而改善空气质量。通过绿色城市规划和设计，可以保护和恢复城市自然生态系统，提高城市的生物多样性。这样的环境改进不仅可以增强城市的韧性，使其能够更好地应对气候变化等环境挑战，还可以提供更健康、更舒适的居住环境，吸引更多的人才和投资。

在社会层面，实现社会公正和包容性成长是城市可持续建设的关键。这需要管理者提供高质量的城市公共服务，如教育、医疗和社会保障，

以确保所有人都有平等的机会参与社会活动，实现自身价值。例如，通过提供高质量的教育服务，可以培养具有创新思维和技能的人才，为城市的长期发展提供人力资本。同时，通过公平的社会政策，如提供平等的就业机会和建立公平合理的收入分配制度，可以减少社会不公平现象，从而提高社会的稳定性和和谐度。

在经济层面，实现经济的稳定增长和创新驱动是城市可持续建设的核心。管理者在发展城市经济的同时，要考虑环境和社会因素，以实现经济、环境和社会的和谐发展。例如，通过发展绿色经济和创新经济，创造更多的就业机会，增加经济收入，减少对环境的影响，从而实现经济的可持续增长。通过发展数字经济和智能经济，可以提高城市的生产效率和创新能力，从而为城市的长期发展提供强大的动力。

总之，通过生态环境、社会和经济三者的协调高质量发展，城市可以实现可持续建设目标，生态环境、社会和经济的高质量协调发展，不仅有助于提高城市的环境质量，社会公正和经济繁荣，还可以提高城市的韧性和竞争力，为城市的长期发展提供坚实的基础。

（二）提高城市居民的生活质量

城市生态环境、社会和经济的高质量协调发展，可以显著提高城市居民的生活质量。

在生态环境方面，环境质量的提高可以直接改善居民的生活质量。例如，通过改善空气和水质，城市居民可以拥有更健康的生活环境，减少因环境污染引起的疾病。通过保护和恢复城市的自然生态系统，如公园、绿地和湿地，城市居民可以有更多的机会接触自然，享受户外活动，从而提高他们的幸福感。

在社会方面，基本的社会服务对于提高居民的生活质量也是至关重要的，例如，高质量的教育可以帮助居民提高工作技能，增加就业机会，从而提高他们的生活水平。公平的社会政策，可以减少社会不平等现象的发生，有利于提高居民生活的安全感。

（三）更好的应对全球性挑战

全球化带来了诸多挑战，包括气候变化、资源短缺等问题。这些挑战不仅影响着全球的经济、社会和环境，也对各城市的发展提出了新的要求和挑战。在这种情况下，协调生态环境、社会和经济的高质量发展，能够帮助城市更好地应对全球性挑战。

气候变化不仅影响着全球的气候系统，也对各城市的生态环境、社会和经济带来了严重的影响。例如，气候变化会导致海平面上升，对沿海城市带来严重的威胁；气候变化会导致极端天气事件的频率和强度增加，对城市的基础设施和居民生活带来威胁。在这种情况下，管理者需要采取有效的措施来应对气候变化挑战。例如，采用清洁能源，减少温室气体排放；提高城市的韧性，以应对极端天气事件；保护和恢复自然生态系统，以提高城市的生态系统服务等。

资源短缺不仅影响着全球的资源供应，也对各城市的经济发展和环境质量带来了压力。例如，随着人口的增长和生活水平的提高，全球的资源消耗量在不断增加，这可能导致资源的短缺，从而影响城市的经济发展和环境质量。在这种情况下，管理者要采取有效的措施来应对资源短缺。例如，提高资源的使用效率，减少资源的浪费；发展循环经济，推动资源的再利用；保护和恢复自然资源，以保障资源的可持续供应等。

（四）有助于实现人与自然的和谐共生

在地球生命系统中，人类和自然环境是共存的两个元素，其关系密切且相互影响。然而，长期以来，人类的发展往往以牺牲自然环境为代价，这种做法不仅对自然环境造成了严重破坏，也威胁到了人类自身的生存和发展。因此，实现人与自然的和谐共生，既是一种理想，也是一种必要。而生态环境、社会和经济的协调高质量发展，正是实现这一目标的重要途径。

在生态环境层面，人与自然的和谐共生意味着人类需要尊重自然、保护自然，与自然和平相处。这就需要在城市发展过程中采取一种生态友好的方式，即在满足人类需要的同时，尽量减少对自然环境的影响和破坏促进人与自然和谐共生。例如，通过绿色建筑、绿色交通、绿色能源等措施，减少能源消耗和污染排放，降低对自然环境的影响；通过生态恢复、生物多样性保护等措施，保护和恢复自然环境，增强城市的生态系统服务。这种生态友好的发展方式，不仅有利于保护自然环境，也有利于提高城市的生活质量和经济效益。

在社会层面，人与自然的和谐共生意味着人类在满足自身需求的同时，需要考虑人与自然的相互影响。这就需要管理者在社会政策和制度设计中，考虑生态环境与社会的相互影响。例如，可以通过环境教育、环境立法、环境税收等手段，提高公众的环境意识，引导公众采取环保行为；可以通过提供公共服务、社会保障等，降低环境问题对弱势群体的影响，提高弱势群体的社会适应能力和韧性。以生态为本，不仅有利于保护自然环境，也有利于维护社会的公平和稳定。

在经济层面，人与自然的和谐共生意味着人类在追求经济增长的同时，需考虑经济活动与自然环境的相互影响，这就需要管理者在经济政策和制度设计中，考虑生态环境与经济的相互影响。例如，可以通过绿色投资、循环经济、绿色创新等手段，推动经济的绿色转型，减少经济活动对自然环境的影响；可以通过生态补偿、生态旅游、销售生态产品等手段，利用自然资源和生态服务，推动经济的可持续发展。以生态为本，不仅有利于保护自然环境，也有利于提高经济的可持续性和竞争力。

总之，协调生态环境、社会和经济的高质量发展，是实现人与自然和谐共生的重要途径。这种发展方式，既能满足人类的生存和发展需要，也能保护和恢复自然环境，实现人类和自然的共同繁荣。

三、生态环境、社会和经济协调高质量发展的实现

　　未来，城市生态规划与管理的效率可以通过多种方式得到提高，并且这种提高会对生态环境、社会和经济的协调高质量发展的实现产生积极的影响。具体可从以下六个方面进行分析。

（一）技术的应用和创新

　　在实现生态环境、社会和经济的协调高质量发展过程中，技术的应用和创新发挥着重要的作用。在这个信息化、数字化的时代，科技发展日新月异，人工智能、大数据、物联网等新兴技术，为人类解决环境问题提供了新的可能性。

　　1. 人工智能

　　人工智能技术能处理大量复杂的数据，找出隐藏在数据中的模式和规律，为管理者提供更精确的预测和决策支持。例如，人工智能可以通过机器学习算法，从历史数据中学习环境问题的发生规律，预测未来可能出现的环境问题。人工智能还可以通过深度学习等先进技术，模拟复杂的生态系统，帮助管理者理解生态系统的运行机制，找出影响生态系统稳定性的关键因素。

　　2. 大数据

　　大数据技术能够收集和处理大规模的环境数据，为管理者提供全面、实时的环境信息。例如，通过收集和分析气象数据、空气质量数据、水质数据等，管理者可以了解环境质量的变化情况，及时发现环境问题。同时，通过对环境数据的深度挖掘，管理者还可以发现环境问题的成因，为环境治理提供科学依据。

　　3. 物联网

　　物联网技术能够实现设备和设备之间的智能化连接和交互，为环境监测和管理提供了新的工具。例如，通过布设大量的环境监测传感器，

管理者可以实时地监控环境质量，及时发现和处理环境问题。同时，物联网技术还可以帮助管理者实现环境设施的远程控制和优化运行，提高环境管理的效率和效果。

这三种技术的应用和创新，不仅可以提高管理者解决环境问题的能力，还可以帮助管理者更好地理解和保护生态环境，推动生态环境、社会和经济的协调发展。

（二）制度创新

制度创新是引导和支持生态环境、社会和经济协调高质量发展的重要手段。在应对环境问题的过程中，人们往往会发现，许多问题的根源并非单纯的技术问题，而更多的是制度问题。因此，管理者需要通过制度创新，构建一套能够适应环境变化，引导和支持可持续发展的制度体系。

1. 环保法规

环保法规是保护环境、防治污染的重要手段。随着环境问题的日益严重，管理者需要制定更为严格和科学的环保法规，以便更好地规范企业和个人的行为，保护环境。管理者还需要加大环保法规的执行力度，确保法规的实施效果。此外，管理者还可以通过法规，设定环保目标和标准，引导企业和社会向绿色、低碳的方向发展。

2. 绿色税收和补贴政策

税收和补贴政策可以促进经济结构调整，推动绿色发展。例如，管理者可以对污染严重的行业和企业征收环保税，使其承担环境污染的成本；管理者可以对绿色产品和技术给予补贴，鼓励其发展。税收和补贴政策的实行可以使市场机制和环保目标相结合，更有效地实现环保目标。

3. 公平的土地使用政策

土地是人类生存和发展的基础，合理、公平的土地使用政策对于保护环境、促进社会和经济的发展具有重要意义。管理者需要建立一套公平、合理的土地使用政策，保护耕地和生态用地，防止过度开发。管理者也需要通过土地政策，引导城市的合理布局，减少城市扩张对环境的影响。

制度创新不是一蹴而就的过程，需要管理者在实践中不断摸索和改进。管理者需要根据环境变化和社会发展的需要，不断完善和更新制度体系，使其能够更好地服务于生态环境、社会和经济的协调高质量发展。

（三）教育和培训

环境教育和培训是推动生态环境、社会和经济协调高质量发展的重要途径。环境教育是一种对公众进行的教育，目的是提高公众的环保意识，让公众明白环境问题的严重性，理解环境保护的重要性，并在日常生活中采取环保行为。环境教育可以通过多种方式进行，包括在学校开设环保课程，通过媒体传播环保知识，组织环保活动等。这些活动可以帮助公众了解环保知识，认识到自己行为对环境的影响，鼓励公众保护环境。

当然，环保教育不仅仅是向公众传播环保知识，更重要的是通过教育活动引导公众养成环保习惯，形成环保文化。为此，管理者需要培养孩子的环保意识，让他们从小就了解和喜欢自然，养成节约资源、爱护环境的习惯。管理者也需要通过教育活动引导成年人改变不环保的生活习惯，提高他们的环保意识，并鼓励他们在日常生活中采取环保行为。

此外，环保教育还需要针对不同群体进行，比如企业员工、政府官员、环保志愿者等。对于企业员工，管理者可以通过培训活动，让员工了解企业的环保政策和要求，理解自己的工作如何影响环境，从而在工作中保护环境。对于政府官员，管理者需要通过教育活动，让他们了解环保法律法规，理解自己的决策如何影响环境，从而在决策中考虑环保因素。对于环保志愿者，管理者需要通过培训活动，提供志愿者参与环保活动的技能和知识，使他们能够更好地参与环保工作。

除了面向公众的环保教育，针对环保专业人员的教育和培训也是关键。环保工作涉及多个学科领域，如生态学、地理学、环境科学、社会科学等，这就要求环保专业人员具有跨学科的知识结构和技能。管理者需要为环保专业人员提供综合的教育和培训，让他们掌握最新的理论知识和实践技能。

为了提高环保专业人员的专业技能，管理者可以通过研讨会、培训课程、在线教育等方式进行培训。例如，管理者可以定期组织环保专业人员参加研讨会，让他们了解最新的环保理论和技术，交流工作经验，提升专业技能。管理者也可以开设培训课程，如环境监测技术、环保设备操作、环保项目管理等，让环保专业人员通过学习提升自己的技能。管理者还可以利用在线教育平台，提供各种环保课程，让环保专业人员可以随时随地学习。

（四）社区参与

社区参与是推动生态环境、社会和经济协调高质量发展的另一个关键因素。社区居民对环境问题有着直接的感受和深刻的理解，他们的参与可以使环保工作更加贴近实际，更加符合社区的需求和期望。

社区参与环保工作的形式多样，包括参与环保决策、参与环保实施、参与环保监督等环节。

首先，社区居民可以参与环保决策环节，通过民主的方式，表达他们的需求和意见，从而影响环保政策的制定。例如，居民可以参加环保论坛，提出自己的意见和建议；居民也可以通过选举，选出代表他们的环保代表，参与环保政策的制定。这样，环保政策不仅能够反映社区居民的需求和期望，而且也能够得到他们的支持和认同。

其次，社区居民可以参与环保实施环节，通过他们的行动，帮助实现环保目标。例如，居民可以参加清洁活动，帮助清理垃圾和污染；居民也可以参加环保项目，如植树、节能等，帮助改善环境。社区居民参与环保活动不仅可以提高环保工作的效率，而且也能够提高社区居民的环保意识和行动力。

最后，社区居民可以参与环保监督环节，监督环保工作的执行。例如，居民可以通过环保热线，举报环保违规行为；居民也可以通过社区会议，评估环保项目的执行和效果。监督环保工作不仅可以保证环保工作的公正和透明，而且也能够提高环保工作的效果。

（五）国际合作

面对全球性的环境问题，国际合作不仅是解决问题的一种方式，更是保护环境的必要。环境问题的复杂性和跨界性决定了单一国家的力量难以从根本上解决问题。因此，国际合作在环境保护方面发挥着重要的作用，这种合作包括信息交流、技术转让、资金援助和政策协调等多个层面。

1. 信息交流是国际合作的基础

各国可以通过多种途径分享环境保护的最新研究成果、成功案例和失败教训，从而提高全球的环保水平。例如，各国可以通过国际会议、专业期刊、网络平台等方式进行信息交流，分享环保知识。

2. 技术转让是国际合作的重要内容

发达国家通常在环保技术方面具有优势，他们可以将这些技术转让给发展中国家，帮助他们提高环保能力。例如，发达国家可以通过援助项目、培训课程、合作研究等方式进行技术转让，提高发展中国家的环保能力。

3. 资金援助是国际合作的关键手段

环保工作通常需要大量的资金投入，而许多发展中国家可能没有足够的资金来支持这些工作。因此，发达国家和国际组织需要提供资金援助，支持这些国家的环保工作。例如，他们可以通过援助项目、贷款、赠款等方式帮助发展中国家解决资金困难。

4.政策协调是国际合作的重要保障

政策协调是指各国需要协调各自的环保政策，以避免政策冲突和政策竞赛的一种合作手段。例如，各国可以通过国际协议、多边磋商、双边协议等方式进行政策协调，促进全球环保工作的顺利开展。

当然，国际合作并不是没有难度和挑战的。例如，国家间的政治、经济和文化差异可能会导致合作困难。国际合作的成果分配问题也需要公正地解决。尽管如此，鉴于环境问题的全球性和紧迫性，国际合作仍然是推进环保工作的有效途径。因此，各国需要不断努力，克服困难，深化合作，共同应对环境挑战，实现生态环境、社会和经济的协调高质量发展。

（六）绿色经济模式

绿色经济模式是一种以环保为核心，追求可持续发展的经济模式。在这种模式下，经济活动不仅需要产生经济效益，也需要促进环境保护，实现社会、经济和环境的共同发展。绿色经济模式还强调公平和包容性，要求在发展过程中考虑到各利益相关者的利益，避免产生社会冲突。

绿色经济模式的实现，需要管理者改变传统的发展观念，将环保融入所有经济活动中。具体可以从以下几个方面入手。

第一，发展循环经济。循环经济是一种以尽可能延长产品和资源使用周期，减少废弃物排放为目标的经济模式。在这种模式下，管理者需要优化生产流程，提高资源使用效率，推广再生资源的使用，同时也要发展废弃物回收和处理技术，实现废弃物的再利用和资源化。管理者还需要调整消费模式，倡导绿色消费，减少过度消费和浪费。

第二，发展绿色金融。绿色金融是指金融机构在其业务活动中，积极支持绿色、低碳和循环的经济发展，为环保项目提供资金支持。绿色金融的发展，可以引导资本流向环保项目，推动企业实现绿色转型。绿色金融也可以帮助企业和个人了解和评估他们的环保表现，鼓励他们采取更环保的行为。

第三，提高能源效率，发展清洁能源。能源消耗是全球环境问题产生的主要原因之一。通过提高能源效率，管理者可以在保证经济发展的同时，减少能源消耗和环境污染。发展清洁能源，如太阳能、风能等，也可以替代传统的化石能源，减少温室气体的排放。

第四，发展绿色产业。绿色产业是指那些在生产过程中尽可能减少对环境的负面影响，同时可以提供环保产品和服务的产业。发展绿色产业，可以帮助管理者在实现经济增长的同时，保护环境，实现社会、经济和环境的和谐发展。绿色产业的发展不仅能够创造就业机会，推动经济增长，还可以引导社会公众的消费选择，推动社会的环保行为转变。

参考文献

[1] 刘贵利 . 城市生态规划理论与方法 [M]. 南京：东南大学出版社，2002.

[2] 王浩，王亚军 . 生态园林城市规划 [M]. 北京：中国林业出版社，2008.

[3] 董晓峰，刘颜欣，杨秀珺 . 生态城市规划导论 [M]. 北京：北京交通大学出版社，2019.

[4] 郝丽君 . 城市生态空间构建与规划 [M]. 北京：地质出版社，2021.

[5] 廖清华，赵芳琴 . 生态城市规划与建设研究 [M]. 北京：北京工业大学出版社，2019.

[6] 董晶 . 生态视角下城市规划与设计研究 [M]. 北京：北京工业大学出版社，2019.

[7] 董家华，高成康 . 城市生态管理 [M]. 北京：化学工业出版社，2018.

[8] 何晖 . 生态文明视角下的城市规划管理 [M]. 湘潭：湘潭大学出版社，2014.

[9] 李锋 . 城市生态基础设施评估与管理 [M]. 北京：科学出版社，2021.

[10] 高卿 . 低碳背景下城市规划策略分析 [J]. 黑龙江环境通报，2022，35（2）:118–119.

[11] 时海城，程越，张墨 . 智慧城市的生态规划设计思考 [J]. 城市住宅，2021，28（12）：134–135.

[12] 曾卫，周钰婷 . 城市生态规划理论方法再深入：2016 年中国城市规划学会城市生态规划学术委员会年会述要 [J]. 西部人居环境学刊，2016，31（5），

16–20.

[13] 席文凯. 生态文明下城市复合生态管理模式与路径研究 [J]. 住宅与房地产，2019（12）：28.

[14] 彭姗妮，沈清基. 新中国成立以来城市生态规划研究历程及分析 [J]. 规划师，2020，36（23）：57–66.

[15] 郭兰凤. 城市生态规划中的不确定性分析 [J]. 黑龙江科技信息，2014（24）：182.

[16] 张莹莹. 提升城市生态规划工作水平 [J]. 中国科技信息，2014（13）：192–193.

[17] 范小蒙，刘要峰. 可持续城市人居环境营造途径探析 [J]. 城市住宅，2020，27（7）：160–161.

[18] 陈祈春. 基于宜居理念的城市生态规划思考 [J]. 居舍，2020（18）：3–4.

[19] 韩林飞. 健康城市呼唤完善的城市生态规划 [J]. 红旗文稿，2020（10）：42–43.

[20] 杨诗翔，赵小汜. 沈阳市城市森林规划与生态管理：以铁西森林公园为例 [J]. 南方农机，2018，49（6）：14.

[21] 韩林飞，李响. 健康城市与完善的城市生态规划策略探析 [J]. 科技导报，2020，38（7）：26–33.

[22] 韩林飞. 健康城市与完善的城市生态规划 [J]. 城市发展研究，2020，27（3）：8–10.

[23] 谭坚欣. 基于宜居理念的城市生态规划思考 [J]. 建材与装饰，2020（08）：121–122.

[24] 刘骞，张宝国. 城市生态环境管理原则与路径探析 [J]. 中国管理信息化，2015，18（17）：200–201.

[25] 张雪. 海绵城市生态规划理念在公园景观中的运用：以邵阳市西苑公园设计为例 [J]. 天津建设科技，2019，29（5）：53–56.

[26] 李倞，徐析. 分散式城市雨水生态管理景观策略研究 [J]. 建筑与文化，2014（10）：103–105.

[27] 沈清基，彭姗妮，慈海.现代中国城市生态规划演进及展望 [J].国际城市规划，2019，34（4）：37–48.

[28] 梁双印，陈茜.论城市规划设计中的生态城市规划 [J].住宅与房地产，2019（22）：218.

[29] 戴雅希.城市生态规划在不同规划层次中的体现 [J].建筑与文化，2019（7）：132–134.

[30] 梁梦雅，罗紫璇，吴梓恒，等.碳中和背景下城市生态空间碳汇评估与生态服务管理的优先领域：以广东省佛山市为例 [J].环境生态学，2022，4（12）：24–30.

[31] 谷晓光.城市生态环境管理原则及对策 [J].皮革制作与环保科技，2021，2（11）：124–125.

[32] 刘延泉.浅议城市生态环境管理在大气污染治理中的应用 [J].皮革制作与环保科技，2021，2（5）：48–49.

[33] 蒋羿.基于绿色宜居理念的城市生态规划思考 [J].城市建筑，2019，16（14）：42–43.

[34] 赵鹏瑞.浅谈城市生态规划不同层次内容的差异 [J].城市建筑，2019，16（7）：117–119.

[35] 张倩，邓祥征，周青.城市生态管理概念、模式与资源利用效率 [J].中国人口.资源与环境，2015，25（6）：142–151.

[36] 赵海明，裴宗平.可持续发展导向下的生态城市水环境规划研究 [J].环境科学与管理，2013，38（9）：11–14.

[37] 周越珊.城市生态环境管理原则及路径研究 [J].广东化工，2020，47（15）：122，121.

[38] 李俊梅，付健梅，张晨子.云南重点生态功能区城市生态环境良性化评价指标体系构建与实证研究 [J].生态经济，2019，35（11）：84–90.

[39] 叶强.中国生态城市规划与建设进展 [J].中华民居（下旬刊），2013（8）：40–41.

[40] 杨全海.论生态城市建设的可持续发展战略 [J].中国矿业，2007（7）：

58-60.

[41] 彭程,孙金霞.论生态规划与城市规划的融合[J].住宅与房地产,2017(26):
217.

[42] 褚祝杰,陈伟.我国生态城市建设中的企业生态管理研究[J].科技管理研究,2009,29(3):172-173,176.

[43] 刘成.基于生态城市理念城市新区规划的优化设计[J].住宅与房地产,2018(22):50.

[44] 张惠昌.加强公共绿地生态管理促进城市可持续发展[J].中国建设信息,2006(13):26-28.

[45] 杨丽丽.浅谈城市规划中的城市生态规划设计[J].科学技术创新,2018(11):138-139.

[46] 王宏,刁乃勤.矿业城市生态建设中资源协调总体规划构思与应用[J].煤炭工程,2018,50(03):5-7,11.

[47] 吴思瑜.论农村在城市生态规划中的地位[J].南方农机,2018,49(3):94,96.

[48] 李妍,朱建民.生态城市规划下绿色发展竞争力评价指标体系构建与实证研究[J].中央财经大学学报,2017(12):130-138.

[49] 王如松,李锋.论城市生态管理[J].中国城市林业,2006(2):8-13.

[50] 杜吴鹏,房小怡,吴岩,等.城市生态规划和生态修复中气象技术的研究与应用进展[J].中国园林,2017,33(11):35-40.

[51] 刘骞,张宝国.城市生态环境管理原则与路径探析[J].中国管理信息化,2014,17(17):96-97.

[52] 王平格.城市公园广场低碳生态管理技术和雨水收集利用[J].黑龙江生态工程职业学院学报,2014,27(1):3-4.

[53] 尹科,王如松,姚亮,等.基于复合生态功能的城市土地共轭生态管理[J].生态学报,2014,34(1):210-215.

[54] 凌张军.城市绿地生态管理概念、理论与应用:以马鞍山市园林绿化养护管理为例[J].中国城市林业,2012,10(2):15-17.

[55] 梁群立，晁东红，王红霞.水库渔业发展与水域生态管理在城市供水水源地中的作用 [J].河南水利与南水北调，2011（16）：15-16.

[56] 张浩，王祥荣，陈涛.城市绿地群落结构完善度评价及生态管理对策：以深圳经济特区为例 [J].复旦学报（自然科学版），2006（6）：719-725.

[57] 王东海，李春，李大秋.城市水生态管理问题分析：济南市保泉供水研究 [J].中国岩溶，2003（2）：7-10.

[58] 陶康华.生态有价：一个崭新的市场观 [J].宁波经济，2001（12）：40-41.

[59] 傅微楠，张连全，周锡成.上海城市绿地系统的特征与生态管理对策 [J].上海建设科技，1997（2）：37-38.